江苏水利工程精细化管理丛书

水库精细化管理

SHUIKU JINGXIHUA GUANLI

江苏省水利厅◎编著

河海大学出版社
HOHAI UNIVERSITY PRESS
·南京·

图书在版编目(CIP)数据

水库精细化管理 / 江苏省水利厅编著. -- 南京 : 河海大学出版社, 2020.12(2022.8重印)

ISBN 978-7-5630-6358-1

Ⅰ. ①水… Ⅱ. ①江… Ⅲ. ①水库管理—江苏 Ⅳ. ①TV697

中国版本图书馆 CIP 数据核字(2020)第 255616 号

书　名	水库精细化管理
书　号	ISBN 978-7-5630-6358-1
责任编辑	倪美杰
责任校对	张心怡
装帧设计	黄　煜　杭永红
出版发行	河海大学出版社
地　址	南京市西康路1号(邮编:210098)
电　话	(025)83737852(总编室)
	(025)83722833(营销部)
经　销	江苏省新华发行集团有限公司
排　版	南京布克文化发展有限公司
印　刷	江苏凤凰数码印务有限公司
开　本	787毫米×1092毫米　1/16
印　张	15.75
字　数	387千字
版　次	2020年12月第1版
印　次	2022年8月第3次印刷
定　价	88.00元

《水库精细化管理》

编写组

主　　编：陆一忠

副 主 编：郭　宁　　周灿华

编写人员：高杏根　　戴春祥　　蔡　平

吴卿凤　　匡　正　　傅　华

周贵宝　　许　涛　　朱承明

王儒波　　孙可寅　　贾玉山

刘媛媛　　肖　璐　　周　洁

郑宏胜　　韩　猛　　万清绪

董淑喜　　吴　浩　　段科萍

序

“水”是江苏最为鲜明的符号。江苏境内水系发达、水网密布、水韵流芳，天然河流与人工河道纵横交错，湖泊湿地和水库塘坝星罗棋布，不但有横穿东西的长江、纵贯南北的大运河，还有包孕吴越的太湖、名肇隋唐的洪泽湖，是全国唯一拥有大江大河大湖大海的省份。全省 10.72 万 km^2 土地承接上游近 200 万 km^2 的洪水过境，80%的地面处于洪水位之下，历来有“洪水走廊”之称。

特殊的地理位置和水系特点，决定了江苏因水得益。水为利时，成就了苏南鱼米之乡、苏北千年漕运之繁华；反之，水为患时，江淮大地频受洪涝旱渍之害、人民群众饱受水患之苦。治水患、兴水利一直是江苏儿女孜孜以求的目标。中华人民共和国成立后，江苏开展了治淮治太、江水北调、江海堤防达标等大规模水利工程建设，建成了较为完整的防洪除涝减灾体系，实现了长江、太湖、淮河和沂沭泗四大水系互调互济，构成了水灾害防御、水资源调配、水生态保护的坚实防线。

管理出效益。加强管理是保证水利工程安全运用、设计效益充分发挥的关键所在。面广量大的江河堤防、数以万计的涵闸泵站，全省水利工程管理任务艰巨，亟待科学规范的管护。江苏水利始终坚持一建就管，建管并重的理念，从起步探索建立水利工程管理机构、管理体制机制开始，到 20 世纪 70 年代，逐步形成了统一管理与分级管理相结合的体制。进入 20 世纪 80 年代，工程管理规范化、制度化建设探索实践，在水利深化改革浪潮中，管理体制机制进一步优化完善。90 年代后，相继制定了水闸、泵站系列管理办法和规章制度。21 世纪初，水闸、泵站技术管理办法在实践基础上得以修订完善，并制定印发堤防、水库技术管理办法，工程管理制度化建设基石愈发坚固。随着《江苏省水利工程管理考核办法》及考核标准的实施，水利工程管理考核工作全面推行，工程规范化、制度化、科学化管理进入新阶段。江苏水利始终坚持与时俱进、创新发展，经过长期深入实践，工程管理机制体制、技术手段、制度体系日臻健全，管理能力持续提升，一大批工程管理单位通过国家级、省级水利工程管理单位考核验收，工程管理稳步发展提升，服务经济社会成效显著。

借鉴先进的精细化管理理念和科学方法，是江苏水利贯彻习近平总书记十六字治水思路，落实“补短板、强监管、提质效”发展总基调，促进水利工程管理提档升级的重要举措。江苏水利以科学严谨的态度，敢为人先的勇气，突破工程管理传统思维定式，弘扬追求卓越的“工匠精神”，把精细化管理作为全省水利工程规范化管理的“升级版”、工程安全高效运行的“总阀门”、工程管理向现代化迈进的“推进器”，贯彻“精、准、细、严”的核心思想，以专业化为前提、系统化为保证、数据化为标准、信息化为手段，加强顶层设计，开展专题研究，构建理论体系，确立水利工程精细化管理的基本模式、工作体系、实施路径，先行先试，典型引领，逐步推广。先后出台《江苏省水利工程精细化管理指导意见》，印发《江苏省水利工程精细化管理评价办法》，围绕“六大管理”（管理任务、管理标准、管理制度、管理流程、管理评价和管理平台），细化目标任务、明晰工作标准、规范作业流程、健全管理制度、强化考核评价、构建信息平台，探索实践水利工程精细化管理的“江苏经验”。这是新时代江苏水利以科学理论推动工程管理提质增效的里程碑，也将为全国水利工程管理高质量发展提供经典案例。

为科学指导全省水利工程精细化管理有效推进，省水利厅组织编制了《江苏水利工程精细化管理丛书》，包括泵站工程、水闸工程、水库工程、堤防工程等 4 个分册，以“六大管理”为主线，指明了水利工程管理应该做什么、谁来做、如何做。内容切合实际，具有很强的可操作性、实践性。在水利建设迅猛发展的良好机遇期，该系列丛书的成功付梓，必将成为江苏水利精细化管理实践指南，为江苏水利锤炼精益求精的工程管理队伍，打造江苏水利管理精品奠定理论和实践基础，创造江苏水利工程管理更加辉煌的业绩。

2020 年 12 月

前言

江苏滨江临海，境内分布长江、淮河、太湖和沂沭泗四大水系，地势平坦，平原辽阔，湖泊众多，水网密布，海陆相邻，既是鱼米之乡，又是“洪水走廊”。中华人民共和国成立后，开展了以控制流域洪水泛滥、约束洪水归槽的流域防洪工程建设，以洪涝分开、高低分排为主的区域防洪排涝工程建设，以江水北调、江水东引、引江济太为骨干的供水工程建设，以中低产田改造、灌区建设、平原河网化、圩区改造为重点的农田水利建设，建成了防洪治涝工程、调水配水工程、农村水利工程、河湖管护工作等四大体系。水闸、泵站、水库、堤防星罗棋布、协同配合，构成了水灾害防御、水资源调配、水生态保障的坚实防线。水利工程管理经过长期的探索和发展，经历了从无到有、从低到高，不断完善、持续提高的过程，逐步形成了较为完善的管理体系。特别是近十多年来，一大批水利工程管理单位通过国家级、省级水利工程管理单位考核验收，管理水平全面提升，服务保障能力持续增强，成为江苏省水利工程规范化管理的典范。

在新时代江苏水利全面推进高质量发展和现代化建设的新形势下，省水利厅提出在全省水利工程规范化管理的基础上，推进水利工程精细化管理，探索符合水利现代化要求的精细化管理新模式。为科学指导精细化管理有效推进，促进精细化管理在全省各地落地生根，省水利厅组织江苏省江都水利工程管理处、江苏省洪泽湖管理处等单位编制了《江苏水利工程精细化管理丛书》，共分水闸、泵站、水库、堤防精细化管理等 4 个分册。

《水库精细化管理》共分七章，分别为概述、管理任务、管理标准、管理制度、管理流程、管理评价、管理平台，阐述了水库工程精细化管理的思路、方法和重点工作，力求为全省水库工程管理单位推进精细化管理提供工作指引和业务指导。

由于编者水平有限，本书中难免存在不妥和不足之处，敬请专家和广大读者批评指正。

目录

第一章　概述

第一节　基本情况

一、工程概况

江苏省滨江临海，面积 10.72 万 km^2，地处长江、淮河两大流域下游平原地区，分属长江、太湖、淮河、沂沭泗四大水系，长江横穿东西，京杭大运河纵贯南北，境内地势低洼，众水汇集，河网密布，湖泊众多，水系复杂，汛期流域上游 200 万 km^2 洪水经我省境内下泄入海，全省 80%的陆域面积在洪水的威胁之下，是流域洪水“走廊”。水库是水利建设中最主要、最常见的工程措施之一，它主要用于拦蓄洪水、调节径流、调整坡降、集中落差，拦截地下水，以满足防洪、发电、灌溉、航运、供水、养殖、环境保护、旅游等需要。中华人民共和国成立后，江苏开始修建水库，特别是 1958 年前后，江苏掀起修建水库的高潮，截至 2019 年年底，江苏省共有水利系统注册登记水库 947 座，其中大型水库 6 座、中型水库 43 座、小(1)型水库 277 座、小(2)型水库 621 座。全省水库总库容 34.78 亿 m^3，防洪库容 5.78 亿 m^3。详见表 1-1 江苏省水库统计表、表 1-2 江苏省大中型水库名录。

表 1-1　江苏省水库统计表

流域/行政区划		水库总数量(座)	不同规模的水库数量(座)					总库容(万 m^3)
			大(1)型	大(2)型	中型	小(1)型	小(2)型	
合计		947		6	43	277	621	347 849.17
流域	淮河流域	442		3	19	137	283	203 348.15
	长江干流水系	347			18	99	230	83 903.96
	太湖水系	158		3	6	41	108	60 597.06
行政区划	南京市	251			13	76	162	57 400.19
	无锡市	19		1	1	4	13	16 228.44

续表

流域/行政区划		水库总数量(座)	不同规模的水库数量(座)					总库容(万 m^3)
			大(1)型	大(2)型	中型	小(1)型	小(2)型	
行政区划	徐州市	72			5	34	33	33 008.4
	常州市	89		2	3	19	65	34 012.94
	苏州市							
	南通市							
	连云港市	167		3	8	37	119	124 849.52
	淮安市	129			5	42	82	35 430.98
	盐城市							
	扬州市	72			1	16	55	8 314.27
	镇江市	109			7	34	68	34 007.66
	泰州市							
	宿迁市	39				15	24	4 596.77

表 1-2　江苏省大中型水库名录

水库名称	所在地		高程系统	库容(万 m^3)		水位(m)	
	市	县		总库容	兴利	校核	兴利
石梁河水库	连云港市	东海县	废黄河	52 640	23 380	27.95	24.5
小塔山水库	连云港市	赣榆区	废黄河	28 100	11 600	37.31	32.8
安峰山水库	连云港市	东海县	废黄河	11 300	7 100	18.67	17.2
大溪水库	常州市	溧阳市	56 黄海	11 280	4 956	15.98	13
横山水库	无锡市	宜兴市	吴淞	11 155	5 500	40.36	35
沙河水库	常州市	溧阳市	吴淞	10 860	4 635	24.42	21
金牛山水库	南京市	六合区	废黄河	9 286	5 165	24.04	21.5
龙王山水库	淮安市	盱眙县	废黄河	9 099	3 748	34.92	32.5
庆安水库	徐州市	睢宁县	废黄河	6 293	4 770	29.81	28.5
二圣水库	镇江市	句容市	废黄河	5 720	2 216	18.86	16
方便水库	南京市	溧水区	废黄河	4 900	2084	29.15	26.2
北山水库	镇江市	句容市	废黄河	4 815	2 601	56.24	53
化农水库	淮安市	盱眙县	废黄河	4 128	3 066	63	62
红旗水库	淮安市	盱眙县	废黄河	4 119	2 108	43.53	41.5
阿湖水库	徐州市	新沂市	废黄河	4 032	385	29.18	25.5
崔贺庄水库	徐州市	铜山区	废黄河	3 549	2 386	35.03	33.5
云龙湖水库	徐州市	泉山区	废黄河	3 330	590	36.11	32.8

续表

水库名称	所在地		高程系统	库容(万 m^3)		水位(m)	
	市	县		总库容	兴利	校核	兴利
油车水库	无锡市	宜兴市	吴淞	3 324	1 845	43.2	38.3
中山水库	南京市	溧水区	吴淞	2 868	1 318	28.76	26
句容水库	镇江市	句容市	吴淞	2 859	1 206	30.44	27.3
贺庄水库	连云港市	东海县	废黄河	2 654	1 207	40.26	38.5
桂五水库	淮安市	盱眙县	废黄河	2 620	1 671	61.48	60
仑山水库	镇江市	句容市	吴淞	2 613	1 573	56.98	54.5
房山水库	连云港市	东海县	废黄河	2 561	1 156	11.51	10
山湖水库	南京市	六合区	废黄河	2 488	1 457	27.54	25.5
高塘水库	徐州市	新沂市	废黄河	2 473	1 171	36.6	35
横沟水库	连云港市	东海县	废黄河	2 459	1 480	28.87	27.5
茅山水库	镇江市	句容市	吴淞	2 274	992	30.94	28.5
大石埠水库	连云港市	东海县	废黄河	2 217	502	52.75	50
河王坝水库	南京市	六合区	废黄河	2 216	1 136	37.32	35
八条路水库	连云港市	赣榆区	废黄河	2 143	1 473	33.13	32
昌梨水库	连云港市	东海县	废黄河	2 111	1 410	50.04	48.5
大河桥水库	南京市	六合区	废黄河	1 953	527	24.13	21.33
月塘水库	扬州市	仪征市	废黄河	1 789	910	34.22	32
西双湖水库	连云港市	东海县	废黄河	1 760	1 610	32.75	32.5
茅东水库	常州市	金坛区	吴淞	1 730	1 081	29.51	27
凌塘水库	镇江市	丹徒区	85 黄海	1 433	619	29.23	26.5
前宋水库	常州市	溧阳市	56 黄海	1 416	864	21.49	20
卧龙水库	南京市	溧水区	吴淞	1 277	758	20.15	18.5
大泉水库	南京市	六合区	废黄河	1 255	687	28.78	26.5
羽山水库	连云港市	东海县	废黄河	1 225	1 055	49.68	49
塘马水库	常州市	溧阳市	吴淞	1 182	375	12.67	10.5
老鸦坝水库	南京市	溧水区	85 黄海	1 136	487	37.52	34.8
龙墩河水库	南京市	高淳区	废黄河	1 125	358	20.08	17.3
姚家水库	南京市	溧水区	85 黄海	1 108	530	22.59	20.6
赭山头水库	南京市	溧水区	吴淞	1 101	514	28	25.5
墓东水库	镇江市	句容市	吴淞	1 088	646	32.51	30
山洪水库	淮安市	盱眙县	废黄河	1 048	697	61.27	60
赵村水库	南京市	江宁区	吴淞	1 034	636	34.96	33

江苏水库分布集中，总体分布呈“C”形，主要位于江苏北部、西部及西南部低山丘陵区，另有少量水库沿废黄河分布，全省淮河、长江、太湖流域均有水库坐落其中，平原区水库和山丘区水库均有。江苏水库坝型单一，以土石坝为主。大型水库数量少且库容偏小，全省只有6座大型水库，石梁河水库库容最大，总库容5.26亿m^3，位于全国大库前100名之外。坝长较长，庆安水库总坝长达13 km(其中主坝长7.3 km，副坝长5.7 km)。坝高较矮，全省坝高超过15 m的水库只有8%。

二、运行管理情况

（一）管理体制机制

江苏水库实行统一管理和分级管理相结合的管理体制，省级进行行业管理和技术指导，对维修养护经费给予补助，并负责大中型水库调度运用方案的审批和实施调度，市县按照属地管理原则实施具体管理。49座大中型水库和少量小型水库有专设的管理单位进行管理，其余小型水库绝大多数由村镇负责管理。根据《江苏省水库管理条例》，江苏水库安全运行实行政府、主管单位和管理单位三级责任制。县级以上地方人民政府对本行政区域内水库的安全运行负领导责任，水库主管单位对所管辖水库的安全运行负主管责任，水库管理单位对所管理水库的安全运行负直接责任。

（二）制度建设

江苏高度重视管理制度建设工作，制定了一套比较完善的省级水利工程管理制度体系和技术标准体系。包括《江苏省水库管理条例》《江苏省水库技术管理办法》《江苏省水库“四个责任人”履职手册(试行)》《江苏省水库大坝安全鉴定实施细则》《江苏省堤坝白蚁防治办法》《江苏省水利工程运行管理督查办法(试行)》《江苏省水利工程管理考核办法》和《堤坝白蚁防治技术规程》等，印发了《江苏省小型水库管理制度参照文本》，编制了《江苏省小型水库检查手册》，统一了《江苏省小型水库巡视检查记录簿》，为全省水库管理提供指导借鉴。组织全省编制了大中型水库调度规程、小型水库调度运用方案和水库洪水与水量调度方案，制定了水库防汛应急预案和水库大坝安全管理应急预案。

各水库管理单位按照法律法规、规范性文件和技术标准的要求，结合各工程实际情况制定管理细则和技术管理制度，健全各项规章制度，明确各岗位职责，落实技术管理和安全运行各项责任制。水行政主管部门加强监督检查，推动全省水库管理水平不断提高。

（三）培训教育

各级水行政主管部门和管理单位重视职工教育和技术培训工作，采取集中培训、外送培训、联合培训、现场培训及日常技术“传、帮、带”相结合等方式，加强对职工的教育和培养。江苏省水利厅联合人力资源和社会保障厅定期组织水闸、泵站运行维修工技能竞赛，对竞赛中取得优秀成绩的可直接晋升技师或高级技师，为优秀人才脱颖而出提供舞台。

江苏省水利厅定期开展水库、水闸、管理考核、维修养护等专项业务培训，提高市县水行政主管部门和水库管理单位管理人员业务能力和综合素质，联合河海大学连续多年开展基层管理所所长综合业务培训，对全省基层水库管理所所长全面进行轮训。对全省大中型水库(大坝)安全政府、主管部门(单位)、管理单位三级责任人开展培训，省水利厅分管副厅长亲自授课，提高责任人履职能力。着力解决小型水库巡查管护人员业务能力和管理需求不相匹配问题，加强小型水库巡查管护人员培训，县(市、区)水行政主管部门承担培训工作主体责任，做到培训工作全覆盖、不漏一人。

(四) 科技创新

在水库运行管理中，积极引进与推广应用新技术、新材料、新设备、新工艺，组织开展技术攻关和专题研究，安全控制运用技术不断提升，水库大坝、水闸安全监测监控自动化、信息化重点推进，新的技术装备不断得到推广和研发，监控监测自动化技术得到普遍应用。

建设全省河湖资源与水利工程管理信息系统，实现河湖资源管控、水域监测管理、工程业务管理等的信息化，以信息化推动水利工程管理的现代化。建设江苏省河湖和水利工程管理范围划定成果管理信息系统，将划定成果纳入自然资源部门"一张图"系统，将划定成果植入掌上巡查系统，强化管理范围监管，推动成果社会应用。将全省大中型水库大坝安全监测数据统一纳入全国水库大坝安全监测平台，实现大中型水库大坝安全监测数据省级实时监管。建设水库水雨情遥测系统，实现省级实时可查可看。对重要小型水库溢洪道(闸)和大坝安装视频监视设施，实现管理所或水利站全时段安全监视。开展库区遥感监测，利用卫星照片或无人机拍摄，每年比对监管水库库区和大坝周边开发利用，弥补人员巡查力量的不足。

三、推进精细化管理

(一) 推进管理考核

水利工程管理考核是推进水利工程管理规范化、制度化、科学化、法制化、现代化建设，提高水利工程管理水平的一项重要措施。自 1993 年起，省水利厅首先在厅属管理处推行管理考核工作，先后制定了《厅属管理单位经营管理考核办法》和《省属水利工程管理单位"达标管理所"建设考核标准》，从管理单位精神文明建设、工程管理、财务管理、综合经营四个方面制定了量化考核指标，促进了工程管理规范化和管理单位全面发展。2003 年，水利部印发《水利工程管理考核办法》及其考核标准，江苏全面推行水利工程管理考核，制定了《江苏省水利工程管理考核办法》及其考核标准，并不断修改完善。以创建国家级、省级水管单位为抓手，开展年度水管单位自检与考核、省级水管单位定期复核和不定期飞检抽查，不断整改工程存在的问题与不足，不断完善工程设施、改善环境面貌、规范管理行为、提升人员素质，从而保障水利工程安全完好，充分发挥工程设计效益，提高现代化管理水平。

为加强小型水库运行管理监管，补齐小型水库这一管理短板，2010 年江苏省水利厅印发《江苏省小型水库管理考核办法》，借鉴大中型水库管理单位千分制管理考核，适当简化实行小型水库百分制管理考核，验收合格的小型水库授予"江苏省规范化小水库"称号。2014

年，江苏将小型水库管理考核纳入《江苏省水利工程管理考核办法》一体推行。

至2019年年底，江苏49座大中型水库中，有省级以上水管单位40座，占81.6%，其中，国家级水管单位3座，省一级水管单位23座，省二级水管单位9座，省三级水管单位5座。898座小型水库中，有省规范化小水库503座，占56.0%。

（二）加强运行督查

江苏各级水利部门始终把水库工程安全放在首要位置抓实抓好，绷紧工程安全运行这根弦，增强"安全生产一失万无"的忧患意识，强化工程安全运行管理，加强日常检查、隐患排查整治，不断提高工程安全冗余度，坚决遏制安全事故发生，以较为完备和运行良好的工程体系为依托，保障防洪安全、供水安全和生态安全。

为加强水库工程运行管理督查工作，2009年水利部印发《水库运行管理督查工作指导意见》，江苏在此基础上出台《江苏省水库安全运行管理工作稽查办法（试行）》，建立水库运行管理督查制度。2013年，在总结水库运行管理督查工作的基础上，水利部印发《水利工程运行管理督查工作指导意见》，江苏也同步出台《江苏省水利工程运行管理督查办法（试行）》，将督查范围由水库工程扩展到水闸、泵站、河道堤防等水利工程。江苏对以水库为重点的各类水利工程，每年编制督查计划并严格执行，督促各地有效解决安全责任制、工程隐患、调度运行、应急预案、安全鉴定、日常管理等诸多问题。

（三）推进精细化管理

为顺应新时期水利工程管理要求，进一步规范管理行为，促进水利工程管理水平提档升级，江苏在强化水利工程依法管理、规范管理的基础上，积极推进管理创新，自2015年起首先在厅属管理处开展水利工程精细化管理试点。2016年，江苏省水利厅印发《江苏省水利工程精细化管理指导意见》，并组织精细化管理培训，首先在国家级水管单位和厅属管理处先行先试。2017年起，试点范围扩大到全省各地，形成精细化管理批量的参照系，不断提升管理成效。溧阳市大溪水库结合国家级水管单位考核，探索开展水库精细化管理，得到了水利部考核专家组的充分肯定。2019年1月，江苏省水利厅印发《江苏省水利工程精细化管理评价办法》及评价标准，开始在全省水管单位全面推行精细化管理工作。

第二节　精细化管理

精细化管理是一种管理理念和管理方法，通过规则的系统化和量化，使组织管理各单位精确、高效、协同和持续运行。水利工程精细化管理的本质意义就在于它是一种对管理单位发展规划和目标任务进行分解、细化和落实的过程，是提升工作成效和整体执行能力的一个重要途径。

一、总体思路

推进水利工程精细化管理要基于行业工作性质和特点，根据本单位的实际需求，在现有规范化管理的基础上，借鉴精细化管理的理念和方法，倡导精益求精的工作态度，弘扬追求卓越的"工匠精神"，转变工程管理传统思维模式，把精细化管理作为我省水利工程规范化管理的"升级版"、安全运行的"总开关"。贯彻"精、准、细、严"的核心思想，推行系统化、标准化、流程化、信息化的基本方法，形成全过程、重细节、闭环化、可追溯的管理机制，重点推进"六大管理"(管理任务、管理标准、管理制度、管理流程、管理评价和管理平台)，细化目标任务、明晰工作标准、健全管理制度、规范作业流程、强化考核评价、构建信息平台，探索符合水利现代化要求的精细化管理模式，促进水利工程管理由粗放到规范、由规范向精细、由传统经验型向现代科学型管理转变，构建更加科学高效的工程管理新体系，保证水利工程安全运行，促进水利工程管理水平提档升级。

二、工作目标

在全省各地全面推进精细化管理工作，以国家级、省级水利工程管理单位为重点，立足实际，典型示范，拓展延伸，永续渐进，实现精细化管理全覆盖，促进管理体系不断完善、管理技术不断升级、管理能力不断增强、管理质效不断提升，构建水利工程精细化管理新模式。在全省建成一批精细化管理示范工程，打造水利工程管理"江苏品牌"。

三、工作要点

1. 细化目标任务。根据年度工作计划，细化分解季、月、周工作任务清单，将任务落实到管理岗位、具体人员。

2. 明晰工作标准。制定调度运用、检查监测、养护维修、安全生产等管理行为标准和设备设施状况、标识标牌、工程环境等方面工作标准体系。

3. 健全管理制度。完善管理细则、规章制度、操作规程等制度体系，注重执行效果的监督评估和总结提高。

4. 规范作业流程。规范调度运用、检查监测、养护维修、白蚁防治、安全生产、水政监察、档案管理、环境管理等主要工作流程，编制典型工作作业指导书。

5. 强化考核评价。建立工作目标管理和个人绩效考核机制，落实奖惩激励措施。开展精细化管理工作评价。

6. 构建信息平台。借助信息技术开发工程管理信息系统，将精细化管理相关要求结合到工程监控和管理信息化应用系统中，促进工程管理精细化落地生根。

四、推进措施

1. 精心组织。各地应根据《江苏省水利工程管理精细化管理指导意见》要求，制订精细化管理实施计划，落实工作责任，加强宣传引导和队伍建设，加大经费保障力度，促进精细化管理工作有序推进。

2. 拓展延伸。管理单位要结合实施情况，加强对精细化管理工作的总结和实际成效的评估，注重学习借鉴其他单位的成功经验和做法。要不断拓展精细化管理内涵，延伸精细化管理范围，逐步实现全覆盖。

3. 永续渐进。把精细化管理的理念、方法长期贯穿于工作之中，形成常态化的工作机制，从易到难，由浅入深，总结完善，持续改进，不断提高精细化管理与业务工作的契合度，以精细化管理助推工程管理现代化。

第二章　管理任务

水库工程承担着防洪减灾、水资源供给、涵养水源、水生态改善等重要任务，按照现行水利工程管理相关规定，水库日常管理常规性工作及重点专项工作主要包括调度运用、工程检查、设备评级、安全监测、养护维修、白蚁及其他动物危害防治、安全生产、制度建设、档案资料、水政管理等。管理单位推进精细化管理，首先需要明确、细化工作目标任务。工作任务制定的细致程度与执行效果有着密切的关系，要将单项工作或任务按合理的逻辑结构，分解为若干个组成部分，每个部分又可分解成若干个更小的部分，直到不能再分或不必要再分为止。管理单位要制订分解年度工作计划，明确各阶段重点工作任务，对相对固定的工作任务按年、月、周、日等时间段进行细分，形成工作任务清单，明确工作项目、时间节点、主要内容、责任对象，内容应具体详细。

要根据管理职责和工作任务，合理设置管理机构和岗位，并按标准配置人员，一般设管理岗、专业技术岗、工勤技能岗，其中管理岗包括所长、副所长、管理员等，专业技术岗包括高级工程师、工程师、助理工程师，工勤技能岗包括闸门运行高级技师、闸门运行技师、闸门运行高级工、闸门运行中级工、闸门运行初级工，人员配备满足管理需要。要将每项工作落实到岗位、落实到人员。做到事事有人管、人人有事做、责任可追溯。同时，要求每一位责任人都要到位、尽职，工作要日清日结、跟踪检查，发现问题偏差及时纠正、及时处理，确保各项工作任务按计划落实到位。

任务清单划分如图 2-1 所示。

一、调度运用任务

水库的调度运用任务清单主要包括防洪调度、兴利调度、报汛及洪水预报、控制运用等。

（一）防洪调度

防洪调度任务主要包括编制防洪调度运用计划并报批、指令执行、洪水调度考评、年度防洪调度总结等。任务清单示例如表 2-1 所示。

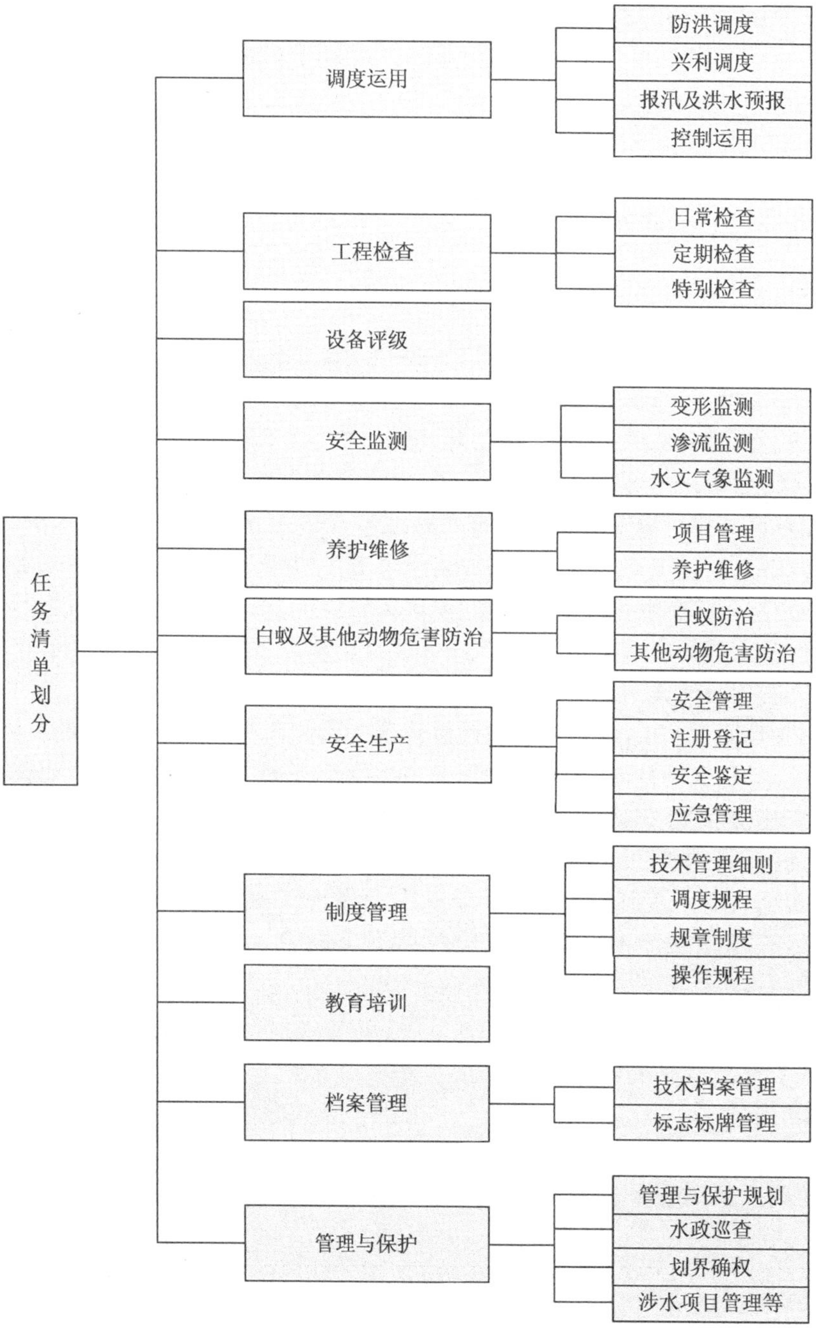
任务清单划分
调度运用
防洪调度
兴利调度
报汛及洪水预报
控制运用
工程检查
日常检查
定期检查
特别检查
设备评级
安全监测
变形监测
渗流监测
水文气象监测
养护维修
项目管理
养护维修
白蚁及其他动物危害防治
白蚁防治
其他动物危害防治
安全生产
安全管理
注册登记
安全鉴定
应急管理
制度管理
技术管理细则
调度规程
规章制度
操作规程
教育培训
档案管理
技术档案管理
标志标牌管理
管理与保护
管理与保护规划
水政巡查
划界确权
涉水项目管理等

图 2-1　任务清单划分

表 2-1 防洪调度任务清单

任务名称	分项任务	工作内容	时间	责任岗位
防洪调度	编制计划	编制水库防洪调度运用计划，并报批	汛前	单位负责人 技术人员
	指令执行	严格执行上级调度指令（接收、下发、执行、记录、反馈）	汛期	单位负责人 技术人员 闸门运行工
	洪水调度考评	洪水调度自评，报上级主管部门	汛后	单位负责人 技术人员
	总结	年度防洪调度总结	年终	单位负责人 技术人员

（二）兴利调度

兴利调度任务主要包括编制兴利调度运用计划并报批、计划调整、指令执行、年度兴利调度总结等。任务清单示例如表 2-2 所示。

表 2-2 兴利调度任务清单

任务名称	分项任务	工作内容	时间	责任岗位
兴利调度	编制计划	编制兴利调度运用计划，并报批	年初	单位负责人 技术人员
	计划调整	根据水雨情、工情、灾情等，对计划进行调整	适时	单位负责人 技术人员
	指令执行	严格执行上级调度指令（接收、下发、执行、记录、反馈）	全年	单位负责人 技术人员 闸门运行工
	总结	年度兴利调度总结	年终	单位负责人 技术人员

（三）报汛及洪水预报

报汛及洪水预报任务主要包括水文测报、洪水预报等。任务清单示例如表 2-3 所示。

表 2-3 报汛及洪水预报任务清单

任务名称	分项工作	工作内容	时间	责任岗位
报汛及洪水预报	水文测报	每日 8 时整点报文、加报报文和固态降水报文采用人工测报，其余整点报文均采用水文自动测报系统自动测报	全年	专业技术人员
		自动测报系统数据校对、故障处理、系统维护	适时 定期	专业技术人员

续表

<table>
<tr><th>任务名称</th><th>分项工作</th><th>工作内容</th><th>时间</th><th>责任岗位</th></tr>
<tr><td rowspan="3">报汛及洪水预报</td><td rowspan="3">洪水预报</td><td>利用洪水预报模型进行预报</td><td>汛期</td><td>专业技术人员</td></tr>
<tr><td>根据水情、雨情的变化,及时修正和完善洪水预报模型系统参数</td><td>适时</td><td>单位负责人
专业技术人员</td></tr>
<tr><td>洪水预报模型故障处理、系统维护</td><td>定期</td><td>专业技术人员</td></tr>
</table>

(四)控制运用

管理单位接到上级主管部门的调度指令后,结合上下游水位等情况,确定启闭方案,做好设备设施的检查及开闸预警等准备工作,按照闸门操作规程进行启闭,结束后,进行核查、反馈、记录等。控制运用任务可分为调度管理、运行操作和运行值班。

1. 调度管理包括指令接收、确定方案、指令执行、指令回复等。任务清单示例如表 2-4 所示。

表 2-4 调度管理任务清单

<table>
<tr><th>任务名称</th><th>分项任务</th><th>工作内容</th><th>时间</th><th>责任岗位</th></tr>
<tr><td rowspan="4">调度管理</td><td>指令接收</td><td>接收上级主管部门调度指令</td><td rowspan="4">按调度指令</td><td rowspan="4">单位负责人
技术人员
闸门运行工</td></tr>
<tr><td>确定方案</td><td>根据溢洪闸和涵洞的类型及上、下游水情,制定闸门启闭方案,填写操作票</td></tr>
<tr><td>指令执行</td><td>执行闸门启闭等指令,填写调度指令执行记录</td></tr>
<tr><td>指令回复</td><td>执行完毕后,向上级部门回复指令执行情况</td></tr>
</table>

2. 运行操作

运行操作包括运行准备、启闭操作等。任务清单示例如表 2-5 所示。

表 2-5 运行操作任务清单

<table>
<tr><th>任务名称</th><th>分项任务</th><th>工作内容</th><th>时间</th><th>责任岗位</th></tr>
<tr><td rowspan="5">运行操作</td><td rowspan="2">运行准备</td><td>运行人员配置到位</td><td rowspan="2">启闭前</td><td rowspan="2">单位负责人
技术人员
闸门运行工</td></tr>
<tr><td>做好上下游管理范围、闸门、启闭机、电气设备、监控系统的检查及开闸预警等准备工作</td></tr>
<tr><td rowspan="3">启闭操作</td><td>按闸门启闭方案及运行操作规程进行启闭</td><td>按启闭方案</td><td rowspan="3">技术人员
闸门运行工</td></tr>
<tr><td>观察电压,电流,上、下游水位和流态等</td><td>操作过程中</td></tr>
<tr><td>核对流量与闸门开度,填写闸门启闭记录,报告闸门调整情况</td><td>操作结束</td></tr>
</table>

3. 运行值班

运行值班管理主要包括人员配备与管理、巡查检查、交接班等。清单示例如表2-6所示。

表2-6 运行值班任务清单

任务名称	分项任务	工作内容	时间	责任岗位
运行值班	人员配备与管理	配备运行值班人员	运行期	单位负责人 闸门运行工
		严格遵守工作纪律		
		保持环境整洁,物品规范摆放		
	巡查检查	按照规定的巡查路线、巡查周期、频次、巡查内容及要求进行巡查,填写巡查记录	每天至少1次,超标准运行应增加频次	
		异常情况报告		
	交接班	严格执行交接班制度,做好值班记录	运行期	

二、工程检查任务

水库工程检查分为日常检查、定期检查和特别检查。

(一) 日常检查

1. 日常检查包括大坝巡查和经常检查。

2. 大坝巡查应按设定的巡查路线进行,主要包括大坝坝顶和迎背水坡、涵洞进出口和启闭设施、溢洪道进出口和启闭设施、大坝管理和保护范围等重点部位。

3. 经常检查主要包括水工建筑物、安全监测设施、边坡库岸以及闸门、启闭机等金属结构及其配套的电气设备、供电线路、泄洪河道、水库管理范围、大坝管理与保护范围、蚁害防治等。

任务清单示例如表2-7所示。

表2-7 日常检查任务清单

任务名称	分项任务	工作内容	时间及频次	责任岗位
日常检查	大坝巡查	巡查大坝坝顶和迎背水坡、溢洪(闸)道进出口和启闭设施、涵洞进出口和启闭设施、穿坝建筑物与大坝接合处、大坝管理和保护范围等重点部位	大坝巡查每日不应少于1次	值班人员
	经常检查	详细检查大坝及枢纽建筑物、安全监测设施、边坡库岸以及闸门、启闭机等金属结构及其配套的电气设备、供电线路、泄洪河道、水库管理范围、大坝管理与保护范围、蚁害防治等	初蓄期:每日1次,运行期:每周不少于1次	技术人员 运行人员

（二）定期检查

1. 定期检查分为汛前检查、汛后检查等。

2. 汛前检查是一项度汛准备的综合性工作，着重检查大坝及枢纽建筑物、设备和设施的最新状况，安全度汛存在问题及措施。工作任务主要包括成立组织机构、制订工作计划、开展工程检查监测与设备评级、设备养护维修、电气试验、水下检查、涵洞进洞检查等，落实应急措施、收集整理资料、编制检查报告、开展专项考核和问题整改提高等。

3. 汛后检查着重检查建筑物、设备设施度汛后的变化和损坏情况。

任务清单示例如表 2-8 所示。

表 2-8　定期检查任务清单

任务名称	分项任务	工作内容	时间及频次	责任岗位
定期检查	汛前检查	成立汛前准备工作组，编制计划，落实任务	每年 3 月底前完成	单位负责人 技术负责人 技术人员 闸门运行工
		全面检查土石坝及枢纽建筑物的土石方工程、混凝土工程、机电设备、工程设施的最新状况，开展工程监测、设备评级		
		养护维修工程，完成度汛应急工程		
		电气试验：对安全用具、电气设备、仪表进行检测试验，并出具检测报告，张贴检验标志	见表 2-9《电气设备及电力安全工器具预防性试验》	
		水下检查：检查溢洪闸闸底板、门槽、护坦等水下设施，编制水下检查报告	2 年 1 次，超过设计指标运用应及时进行水下检查	
		涵洞进洞检查：可采用人工或水下机器人等方式进洞检查	每年 1 次	
		检查调度运用计划，防洪应急预案、大坝安全管理应急预案等修订、报批情况	每年 3 月底前完成	
		建立抢险队伍，开展预案演练培训		
		落实防汛物资，储备备品备件		
		修订完善规章制度，收集整理软件资料		
		对汛前检查情况及存在问题进行总结，提出初步措施，形成报告，并报上级主管部门		
		接受上级汛前专项检查，按要求整改提高，及时向上级主管部门反馈	4 月上旬	
	汛后检查	检查度汛运行后工程变化情况，根据检查发现的问题，编制下一年度工程养护维修计划，编报汛后检查报告	10 月底	技术负责人 技术人员

电气设备及电力安全工器具预防性试验任务清单示例如表 2-9 所示。

表 2-9 电气设备及电力安全工器具预防性试验

序号	试验项目		试验周期
	设备名称	试验内容	
1	电动机、发电机绝缘	定子绕组绝缘电阻测量	1 年
2	热继电器 电动机保护器	保护动作检测	
3	电气设备、电缆桥架、配电房等	接地电阻测量	
4	电气仪表	电气仪表检验	
5	变压器	绝缘电阻吸收比测量	1 年
		绕组直流电阻测量	1 年
		铁芯(有外引接地线的)绝缘电阻测量	1 年
		交流耐压试验	3 年
		绝缘油试验	1 年
6	避雷器	绝缘电阻测量	1 年
		电气特性试验	1 年
7	过电压保护器	绝缘电阻测量	1 年
		工频放电电压测量	1 年
8	10 kV 母线	绝缘电阻测量	1 年
		交流耐压试验	1 年
9	绝缘杆、绝缘夹钳	工频耐压试验	1 年
10	携带型短路接地线	成组直流电阻试验 工频耐压试验	5 年
11	绝缘罩	工频耐压试验	1 年
12	绝缘隔板	表面工频耐压试验 工频耐压试验	1 年
13	电容型验电器	起动电压试验 工频耐压试验	1 年
14	绝缘手套、绝缘靴、绝缘胶垫	工频耐压试验	半年

(三) 特别检查

当水库遇到大洪水、大暴雨、有感地震、库水位骤变、高水位运行以及其他影响大坝安全运用的特殊情况，管理单位应及时进行特别检查，必要时应组织专人对可能出现险情的部位进行连续监视。

特别检查任务清单示意如表 2-10 所示。

表 2-10　特别检查任务清单

任务名称	分项任务	工作内容	时间及频次	责任岗位
特别检查	全面检查或重点检查	根据实际情况，确定检查内容和要求，特殊检查项目可委托专业单位进行，编报特别检查报告	水库遇到大洪水、大暴雨、有感地震、库水位骤变、高水位运行以及其他影响大坝安全运用的特殊情况时开展	技术负责人 技术人员

三、设备评级任务

结合工程检查，管理单位应定期对闸门、启闭机、电气设备等进行设备评级，填写评级表，并报上级主管部门审批。任务清单示例如表 2-11 所示。

表 2-11　设备评级任务清单

任务名称	分项任务	工作内容	时间及频次	责任岗位
设备评级	编制计划	成立评级小组，制定方案	一般每 2 年 1 次，设备状况发生变化，及时评级	技术负责人 评级小组成员
	等级评定	对闸门、启闭机、电气设备等逐级进行评级		
	成果认定	管理单位自评后，上报主管单位认定		
	评级总结	对评级工作进行总结		

四、安全监测任务

1. 管理单位应按照国家标准、水利部行业标准、《江苏省大中型水利工程安全监测方案（试行）》和本工程设计监测要求，结合工程运用发现的主要问题，开展安全监测工作，保持监测工作的系统性和连续性。监测项目和测次如表 2-12、表 2-13 所示。

表 2-12　水库安全监测项目分类表

序号	监测类别	观测项目	建筑物级别			
			Ⅱ	Ⅲ	Ⅳ	Ⅴ
一	变形	1. 坝体表面变形（坝面垂直位移、水平位移）	★	★	垂直位移	垂直位移
		2. 坝体（基）内部变形（坝体垂直位移、水平位移）	★	☆		
		3. 防渗体变形（防渗墙挠度变形、坝体心墙水平位移和垂直位移等）	★			
		4. 界面及接（裂）缝变形（坝肩接缝、土石坝与混凝土建筑物接缝、土坝心墙与过渡料接触带、坝体裂缝等）	★	坝体裂缝	坝体裂缝	坝体裂缝

续表

序号	监测类别	观测项目	建筑物级别			
			Ⅱ	Ⅲ	Ⅳ	Ⅴ
二	渗流	1. 渗流量	★	★	☆	☆
		2. 坝基渗流压力	★	☆	☆	☆
		3. 坝体渗流压力(坝体监测断面渗流压力分布和浸润线)	★	浸润线	☆	☆
		4. 绕坝渗流	★	☆		
三	水文、气象	1. 上、下游水位	★	★	上游水位	上游水位
		2. 降水量	★	★	★	★
		3. 气温	★	★		
		4. 库水温	★	★		

注:①★为必设项目,☆为一般项目,可根据需要选设。

②坝高小于 20 米的低坝,监测项目选择可以降低一个建筑物级别考虑。

表 2-13 水库安全监测项目测次表

监测项目	测次	
	初蓄期	运行期
1. 坝体表面变形	10～1 次/月	6～2 次/年
2. 坝体(基)内部变形	30～2 次/月	12～4 次/年
3. 防渗体变形	30～2 次/月	12～4 次/年
4. 界面及接(裂)缝变形	30～2 次/月	12～4 次/年
5. 渗流量	30～10 次/月	6～3 次/月
6. 坝基渗流压力	30～3 次/月	4～2 次/月
7. 坝体渗流压力	30～3 次/月	4～2 次/月
8. 绕坝渗流	30～3 次/月	4～2 次/月
9. 上、下游水位	4～1 次/日	2～1 次/日
10. 降水量	逐日	逐日
11. 气温	逐日	逐日
12. 库水温	10～1 次/月	1 次/月

注:①表中测次均系正常情况下人工测读的最低要求。如遇特殊情况(如高水位、库水位骤变、特大暴雨、强地震以及边坡、地下洞室开挖等)和工程出现不安全征兆时应增加测次。

②初蓄期在蓄水时,测次可取上限;完成蓄水后的相对稳定期可取下限。

③运行期前 5 年和渗流、变形等性态变化速率大时,测次应取上限;运行期 5 年后和性态趋于稳定时可取下限。

④相关监测项目应力求同一时间监测。

2. 安全监测任务主要包括观测任务书编报、仪器校验、土石坝变形监测、渗流监测、水文、气象监测和监测资料整编等。

3. 变形监测主要包括表面变形(水平位移、垂直位移)、界面及接(裂)缝变形监测等。

4. 渗流监测主要包括坝体渗流压力、坝基渗流压力、绕坝渗流和渗流量监测等。

5. 水文、气象监测主要包括水位、降水量、气温、库水温监测等。

任务清单示例如表 2-14 所示。

表 2-14　安全监测任务清单

任务名称	分项任务		工作内容	时间及频次	责任岗位
安全监测	编制观测任务书		明确监测项目、监测时间与测次、观测方法与精度，监测成果要求等，报上级主管部门批准	新建工程移交或工程发生变化	技术负责人
	仪器校验		对水准仪、经纬仪、全站仪、电测水位计等进行校验	每年 1 次	技术人员
	变形监测	水平位移	水平位移量、工作基点考证等，同时进行计算、校核，成果整理及初步分析	按照“观测任务书”中的规定时间	技术负责人 技术人员
		垂直位移	测点高程测量、工作基点考证等，同时进行计算、校核，成果整理及初步分析		
		界面及接(裂)缝变形	坝肩接缝、土石坝与混凝土建筑物接缝、土坝心墙与过渡料接触带、坝体裂缝测量，成果整理及初步分析		
	渗流监测	坝基渗流压力	测压管水位观测、测压管灵敏度试验(5年 1 次)、测压管管口高程考证，振弦式孔隙水压力计观测记录成果整理及初步分析		
		坝体渗流压力	测压管水位观测、测压管灵敏度试验(5年 1 次)、测压管管口高程考证，振弦式孔隙水压力计观测记录、浸润线等成果整理及初步分析		
		绕坝渗流	测压管水位观测、测压管灵敏度试验(5年 1 次)、测压管管口高程考证，振弦式孔隙水压力计观测记录、成果整理及初步分析		
		渗流量	渗流量观测记录表，资料整理及初步分析		
	水文、气象监测		现场记载，及时整理，对本工程水位相关曲线进行率定	全年	
	资料整编		年底完成年度监测资料整编、审查，编写监测工作说明及分析报告，分析监测成果的变化规律及趋势，并对工程的调度运用、维修加固提出初步建议	年底	
	成果报送		按照“分级汇总上报”原则，逐级上报渗流监测、表面变形监测成果	6 月底、12 月底	
			报送上一年度年度监测成果分析和监测工作总结	1 月底	
			工程观测和工程检查后发现异常情况，立即上报	及时	

五、养护维修任务

水库工程的养护维修内容主要包括土石坝坝顶、坝坡、坝区、混凝土及砌石工程监测设施、闸门及启闭设备、电气设备、通信及监控设施、管理设施等。管理单位应根据工程存在的问题，编制养护维修计划，按照项目管理要求和检修技术标准组织实施。养护维修任务分为项目管理、养护维修。项目管理任务清单示例如表 2-15 所示。

表 2-15　项目管理任务清单

任务名称	分项任务	工作内容	时间及频次	责任岗位
项目管理	编报养护维修计划	根据相关定额编制工程养护维修计划	养护一般按季度，维修根据项目批复	单位负责人 技术人员
	实施准备	根据批准项目，按规定组织实施		
	项目实施	对项目实施的进度、质量、安全、经费、档案资料等进行管理		
	项目验收	项目完工后，及时组织项目决算、审计及竣工验收		
	项目管理卡	完成项目管理卡		
	绩效评价	开展项目绩效评价报告，接受上级部门审计、评价		

养护维修任务清单示例如表 2-16 所示。

表 2-16　养护维修任务清单

任务名称	分项任务	工作内容	时间及频次	责任岗位
养护	建筑物	对土石坝坝顶、坝坡、坝区及枢纽其他建筑物工程进行养护	全年	技术人员 闸门运行工
	闸门	对闸门门叶、行走支承装置、止水装置、埋件进行养护		
	启闭机	对机架、注油设施、传动装置、制动装置、液压管路、螺杆等进行养护		
	电气设备	对变压器、电动机、操作设备、控制系统、柴油发电机组、蓄电池、输电线路进行养护		
	通信及监控设施	对通信设施、监控系统硬件设施、监控系统软件系统进行养护		技术人员
	管理设施	对控制室、启闭机房、管理区道路、工程标牌、监测设施、照明系统进行清理、养护		单位负责人 技术人员
维修	按项目划分	按批复内容实施	根据批复工期要求	单位负责人 技术人员

六、白蚁及其他动物危害防治任务

白蚁及其他动物危害防治内容包括白蚁防治与检查、蚁害控制验收、其他动物危害防治等。

白蚁及其他动物危害防治任务清单示例如表 2-17 所示。

表 2-17　白蚁及其他动物危害任务清单

<table>
<tr><th>任务名称</th><th colspan="2">分项任务</th><th>工作内容</th><th>时间及频次</th><th>责任岗位</th></tr>
<tr><td rowspan="8">白蚁及其他动物危害防治</td><td colspan="2">计划编制</td><td>编报白蚁防治计划</td><td>年初</td><td>专业技术人员</td></tr>
<tr><td rowspan="3">白蚁防治与检查</td><td>日常检查</td><td>重点检查曾经发生过白蚁危害的部位</td><td>蚁患区每周不少于 1 次，蚁源区每月不少于 1 次</td><td>专业技术人员或单位管理人员</td></tr>
<tr><td>定期普查</td><td>对大坝各部位进行全面检查</td><td>5—6 月、9—10 月各进行 1 次</td><td>专业技术人员</td></tr>
<tr><td>专项检查</td><td>集中进行检查</td><td>水库大坝大修前</td><td>白蚁防治、
水利工程专业人员</td></tr>
<tr><td colspan="2">蚁害治理</td><td>根据蚁害危害程度及特点，可选用诱杀法、烟熏法、挖巢法、灌浆法进行治理</td><td>适时</td><td>专业技术人员</td></tr>
<tr><td colspan="2">蚁害控制验收</td><td>符合蚁害基本控制标准和蚁害控制验收条件，提交相关资料，按时接受复查验收</td><td>适时
达到蚁害基本控制标准的大中型水库每 3 年、小型水库每 4 年进行复查验收</td><td>单位负责人
专业技术人员</td></tr>
<tr><td colspan="2">其他动物危害防治</td><td>采用适当的方法对害坝动物进行捕捉、驱赶、追捕，对留在坝体内的洞穴进行处理</td><td>适时</td><td>管理人员</td></tr>
<tr><td colspan="2">总结</td><td>白蚁及其他动物危害防治的年度总结和检查报告等</td><td>年底</td><td>单位负责人
技术人员</td></tr>
</table>

七、安全生产任务

安全生产任务分为安全管理、注册登记、安全鉴定、应急管理等。

（一）安全管理

安全管理内容参照安全生产标准化建设的相关要求，管理单位结合实际情况，明确每个项目的具体内容，实施的时间，实施的频次以及相关的工作要求和成果等。任务清单示例如表 2-18 所示。

表 2-18 安全管理任务清单

任务名称	分项任务	工作内容	时间及频次	责任岗位
安全管理	目标职责	制定、分解年度安全生产目标	每年初	单位负责人 技术人员
安全管理	目标职责	全员签订安全生产责任状	每年初	单位负责人 技术人员
安全管理	目标职责	制订安全生产费用使用计划	每年初	单位负责人 技术人员
安全管理	目标职责	制订年度安全文化建设计划，并开展安全文化活动	按年度计划	单位负责人 技术人员
安全管理	安全责任人	明确水库安全四个责任人，现场公示	汛前	单位负责人 技术人员
安全管理	安全责任人	参加培训并认真履职	全年	安全责任人
安全管理	制度化管理	识别、获取、发放相关法律法规及其他	一季度	技术人员
安全管理	教育培训	制订安全教育培训计划	全年	技术人员
安全管理	教育培训	人员教育培训、相关方及外来人员安全教育	全年	技术人员
安全管理	现场管理	特种设备按规定进行注册、登记	按规定时间	技术工人
安全管理	现场管理	做好特种设备、电气设备检验检测	按规定时间	技术工人
安全管理	现场管理	配备职业健康保护设施、工具和用品，并规范使用	适时	技术人员
安全管理	安全风险管控及隐患排查治理	安全风险辨识与控制	适时（动态）	单位负责人 技术人员
安全管理	安全风险管控及隐患排查治理	安全风险评估	3年1次	单位负责人 技术人员
安全管理	安全风险管控及隐患排查治理	对重大危险源制定安全管理技术措施、应急预案，建立台账并上报	适时（动态）	单位负责人 技术人员
安全管理	安全风险管控及隐患排查治理	隐患排查、治理，定期上报排查信息	及时	单位负责人 技术人员
安全管理	安全风险管控及隐患排查治理	对风险进行分析、预测，及时预警	及时	单位负责人 技术人员
安全管理	安全风险管控及隐患排查治理	评估应急准备和应急处置	年底或汛前	单位负责人 技术人员
安全管理	事故查处	发生事故时，及时报告、处置	及时	单位负责人 技术人员
安全管理	事故查处	定期通过信息系统上报零事故报告	月底	单位负责人 技术人员
安全管理	持续改进	全面评价安全标准化信息管理体系运行情况，进行绩效评定	每年12月份	单位负责人 技术人员
安全管理	持续改进	根据评定结果，进行整改	全年	单位负责人 技术人员

说明：安全管理涉及的规章制度、操作规程修订完善，教育培训、工程设施管理，作业行为管理，预案修订、演练，防汛物资储备等分项任务参照相关任务清单。

（二）注册登记

1. 应按照水利部《水库大坝注册登记办法》进行注册登记。
2. 已注册登记的水库完成扩建、改建的，或经批准升降等的，或水库隶属关系发生变化的，应在此后 3 个月内，向登记机构办理变更登记。

3. 水库大坝安全鉴定后，应在 3 个月内，将安全鉴定材料报原登记机构，安全类别发生变化的，应向原登记受理机构申请换证。

4. 经批准降等为塘坝或报废的水库，验收后应向注册登记机构申报注销。

任务清单示例如表 2-19 所示。

表 2-19　注册登记任务清单

任务名称	分项任务	工作内容	时间	责任岗位
注册登记	申报	填报申报信息	竣工验收 6 个月内	单位负责人 技术人员
	变更登记	符合上述第 2 条的，向水库注册登记机构申请办理变更事项登记	此后 3 个月内	
		符合上述第 3 条的，向水库注册登记机构申请办理变更事项登记	此后 3 个月内	
	注销	符合上述第 4 条的，向水库注册登记机构申报注销	管理单位应在撤销前办理	

（三）安全鉴定

1. 安全鉴定范围主要包括大坝及其附属建筑物、闸门、启闭机、电气设备、自动化系统等。管理单位应做好安全鉴定的计划、组织、成果运用等工作。

2. 首次安全鉴定应在竣工验收后 5 年内进行，坝高 15 米以下的小(2)型水库可在新建、改(扩)建、除险加固工程完成并蓄水验收或投入使用起 10 年内进行。正常运行的水库，大中型水库每 6 年、小型水库每 8 年内应进行一次大坝安全鉴定。运行中水库遭遇特大洪水、强烈地震等破坏性自然灾害，或者发生重大工程事故以及其他危及大坝安全的事件后 3 个月内，经特别检查和专家论证后，如需进行安全鉴定应进行专门的大坝安全鉴定。

任务清单示例如表 2-20 所示。

表 2-20　安全鉴定任务清单

任务名称	分项任务	工作内容	时间及频次	责任岗位
安全鉴定	编制计划	根据工程现状，编制安全鉴定计划	按上述 第 2 条执行	单位负责人 技术人员
	现状调查	工程技术资料收集、组织现场检查		
	任务委托	委托有资质的鉴定单位承担大坝安全评价工作，编制大坝安全评价报告		
	成果审定	报送上级主管部门审查		
	成果上报	将大坝安全鉴定结果上报、存档		
	成果运用	根据大坝安全鉴定结果，采取相应措施，加强水库安全管理		

（四）应急管理

1. 应急管理是提高应对突发事件能力，降低水库风险的重要非工程措施。水库主管单位应在《水库防洪应急预案》的基础上，组织编制《水库大坝安全管理应急预案》，报县级人民政府批准后执行；设区市直管的水库，报设区市人民政府批准后执行，并适时进行修订。

2.《水库防洪应急预案》的编制应符合《水库防洪应急预案编制导则》(2018)的要求，《水库大坝安全管理应急预案》的编制应符合《水库大坝安全管理应急预案编制导则》(SL/Z 720—2015)要求。

3. 应急预案任务清单主要包括《水库大坝安全管理应急预案》《水库防洪应急预案》《事故应急处置预案》的编制、修订和报批、宣传与演练，突发事件的处理和预案评估等。任务清单示例如表 2-21 所示。

表 2-21　应急管理任务清单

任务名称	分项任务	工作内容	时间及频次	责任岗位
应急管理	编制(修订)预案	编制(修订)大坝安全管理应急预案，并报批	及时，根据实际情况变化实时修订，不断补充完善	单位负责人 技术人员
		编制(修订)水库防洪应急预案，并报批		
		编制(修订)水库事故应急处置预案		
	培训与演练	组织职工培训，参加由上级主管部门组织的预案演练	及时	单位负责人
	突发事件处理	发生突发事件时，根据预案要求，启动应急响应程序		
	评估	评估应急准备和应急处置	年底或汛前	

八、制度管理任务

管理单位应结合工程实际，编制并及时修订水库工程管理细则、调度规程、规章制度和操作规程等，主要包括岗位职责、教育培训、调度运用、工程检查、安全监测、养护维修、白蚁及其他动物危害防治、安全生产、防汛管理、水政管理、档案管理等。任务清单示例如表 2-22 所示。

表 2-22　制度管理任务清单

任务名称	分项任务	工作内容	时间	责任岗位
技术管理细则	编制	根据设计文件及相关管理规定，编制技术管理细则	工程接管后	单位负责人 技术人员
	审批印发	报上级主管部门审批、印发	编制完成后	
	修订完善	工程管理条件变化、设备更新改造、除险加固后，及时组织修订完善、报批	管理条件发生变化	

续表

任务名称	分项任务	工作内容	时间	责任岗位
调度规程（调度运用方案）	编制规程（调度运用方案）	根据《水库调度规程编制导则》（SL 706—2015）编制调度规程，根据《小型水库调度运用方案编制指南》编制调度运用方案	工程接管后	单位负责人 技术人员
	审批印发	报有管辖权的水行政主管部门审批、印发	编制完成后	
	修订完善	当调度运用条件或依据发生变化而影响水库调度时，应进行专题论证，及时修订调度规程（调度运用方案）并重新报批	调度运用条件发生变化时	
规章制度	制订计划	制订修改完善计划，明确修订项目、内容及节点时间	每年年初	单位负责人 技术人员
	修订完善	根据制度执行评价情况和管理条件变化情况，对有关制度进行修订完善	一般汛前完成	
	执行与评估	严格执行各项规章制度，形成过程资料，每年年底根据执行情况，对效果进行评估，形成总结	全年	
操作规程	引用或编制	根据运行条件及设备操作说明编制操作规程	汛前或设备更新时	技术人员 闸门运行工
	执行修订	严格执行操作规程，工程管理条件变化、设备更新改造后，及时组织修订完善	条件变化	

九、教育培训任务

管理单位应制订年度教育培训计划，开展在岗人员专业技术和业务技能的学习与培训，每年对教育培训效果进行评估和总结，建立教育培训台账。任务清单示例如表 2-23 所示。

表 2-23　教育培训工作任务清单

任务名称	分项任务	工作内容	时间及频次	责任岗位
教育培训	制订计划	制订并上报培训计划	1 月	单位负责人
	开展教育培训	开展新员工岗位培训、法律法规、安全生产、规章制度、操作规程、专业技能、新技术、新知识等培训	按计划	单位负责人 技术负责人
		组织职工参加预案、技术管理细则、调度规程等培训		
	培训效果评估	对培训效果进行评估、总结，形成培训台账资料	培训后	技术人员

十、档案管理任务

（一）技术档案管理

管理单位应建立技术档案管理制度，按照有关规定建立完整的技术档案，及时整理归档各类技术资料，档案设施齐全、清洁、完好，积极开展星级档案管理测评工作。技术档案管理任务分为档案收集整理，档案归档，档案保管、借阅、销毁、档案室设施管理等。任务清单示例如表 2-24 所示。

表 2-24　档案管理任务清单

任务名称	分项任务	工作内容	时间及频次	责任岗位
档案管理	档案收集、整理	工程运行管理、养护维修、检查观测、技术图表等资料，音像资料同步收集、整理	同期收集、整理	技术人员
	档案归档	将当年的工程技术资料档案进行收集、整理、分类、装订编号、归档、保存	年底归档	
	档案保管、借阅、销毁、移送	按照档案管理制度要求进行	适时	
	设施管理	档案库房配备防盗、防光、防潮等设施，配备温湿度计、空调，做好库房内温湿度、借阅等记录	全年	
	电子化档案	电子化档案录入及管理	全年	

（二）标志标牌管理

标志标牌包括技术图表、设备管理、安全警示、管理范围、大坝安全责任人、防汛责任人公示、宣传公告等。管理单位应建立标志标牌管理体系，参照《水闸泵站标志标牌规范》进行设计、制作、设置。标志标牌管理任务主要包括编制设置方案、制作安装、定期检查维护等。任务清单示例如表 2-25 所示。

表 2-25　标志标牌管理任务清单

任务名称	分项任务	工作内容	时间	责任岗位
标志标牌管理	编制设置方案	确定标牌标志内容、样式、数量、设置位置等	全年	技术人员
	制作安装	根据设置方案制作，安装在预定位置		
	维护更新	定期检查维护		

十一、管理与保护任务

1. 管理单位应根据《江苏省水库管理和保护规划编制工作大纲》编制水库管理与保护

规划。

2. 应依法划定水库管理范围和大坝管理范围与保护范围，开展水法规宣传，对水库管理范围内水事活动进行监督检查，配合水质监测部门掌握水库水质情况，及时了解水库管理范围内的污染源状况，依法对水库管理范围和大坝管理范围与保护范围内批准的建设项目进行监督管理，维护正常的工程管理秩序。任务清单示例如表 2-26 所示。

表 2-26　水行政管理任务清单

任务名称	分项任务	工作内容	时间	责任岗位
管理与保护	编制规划	根据《江苏省水库管理和保护规划编制工作大纲》编制水库管理与保护规划	及时	单位负责人 技术人员
	水法规宣传	水法规宣传，编制水法规宣传年度计划及工作总结	全年	单位负责人 水政监察员
	划界确权	对管理范围进行划界确权，领取不动产权证(原为土地使用证)，设置明显界桩	竣工验收前	单位负责人
	管理范围巡查	确定路线、频次、内容，开展水行政日常巡查，形成巡查记录、统计报表以及桩(牌)、安全警示牌等检查维护记录	全年	水政监察员
	水质管理	配合水质监测部门动态掌握水库的水质状况	全年	专业技术人员 水政监察员
		及时了解管理范围内污染源状况，并向上级部门汇报	全年	水政监察员
	涉水建设项目监管	依法对水库管理范围和大坝管理范围与保护范围内批准的建设项目进行监督管理，填写建设项目监管相关报表	项目实施阶段	单位负责人 水政监察员
	违法行为处理	发现违法违章行为，应该依法制止，并书面报告主管单位和上级水行政主管部门	发生违法违章行为后	

第三章 管理标准

标准是对重复性事物和概念所作的统一规定，是指导和衡量水库工程管理的标尺，是保证管理目标任务执行到位的前提，建立完善的水利工程管理标准体系是实行精细化管理的必要条件，是克服管理随意性、粗放式、无序化的有效手段。

水库工程管理标准要符合相关行业标准和管理规定，体现工程的特点，既要有衡量工程状态、管理结果的标准，也要有规范管理行为、管理过程的标准，要针对调度运用、工程检查、设备评级、安全监测、养护维修、白蚁及其他动物危害防治、安全生产、制度管理、教育培训、档案资料、水政管理等工作，形成系统、统一、细化、量化的标准体系，以标准指导管理，以标准衡量管理，以标准规范管理，以标准化体现管理的严和细。同时，要根据管理条件变化及时进行修订完善，实现持续改进的目标。

一、调度运用标准

管理单位应根据批准的调度规程或调度运用方案和调度运用计划进行。水库调度运用应统筹兼顾兴利与除害、经济效益与社会效益及生态环境效益，综合考虑相关行业、部门的要求，与上游、下游和相邻有关工程密切配合运用。水库如需超标准运用，应进行分析论证，提出可行的运用方案和应急措施，报经上级主管部门批准后执行。调度运用工作主要包括防洪调度、兴利调度、报汛及洪水预报、控制运用等。

1. 防洪调度管理标准示例如表 3-1 所示。

表 3-1　防洪调度管理标准

序号	标准内容	
1	调度规程或调度运用方案	有经批准的调度规程或调度运用方案，调度制度完善，并严格执行
2	防洪调度方案	编制防洪调度方案，报批后执行，防洪调度方案应包括：核定特征水位、制定实时调度运用方式、制定防御超标准洪水的非常措施、绘制溃坝淹没范围图、明确实施水库防洪调度计划的组织措施和调度权限等
3	防洪调度	严格执行上级防洪调度指令
4	考　评	汛后或年底进行洪水调度自评，填写“水库洪水调度考评表”报上级主管部门
5	总　结	编写年度防洪调度总结并上报

2. 兴利调度管理标准示例如表 3-2 所示。

表 3-2　兴利调度管理标准

序号	标准内容	
1	调度规程或调度运用方案	有经批准的调度规程或调度运用方案，调度制度完善，并严格执行
2	兴利调度运用计划	编制兴利调度运用计划，报批后执行，兴利调度计划应包括：当年水库蓄水及来水预测、协调并初定各用水单位对水库供水的需求、拟定水库各时段的水位控制指标、制订年（季、月）的具体供水计划
3	兴利调度	实施兴利调度时，应根据水雨情情况实时调整兴利调度计划，并报水行政主管部门备案
4		严格执行调度指令
5		当遇特殊干旱年，应重新调整供水量，报主管部门核准后执行
6	总结	年度兴利调度总结并上报

3. 报汛及洪水预报管理标准示例如表 3-3 所示。

表 3-3　报汛及洪水预报管理标准

序号	标准内容	
1	报汛	水雨情传输应做到“四随”（随测算、随编报、随整理、随分析）和“四不”（不错报、不迟报、不缺报、不漏报）
2		报汛站的拍报项目、起止报汛日期等按相关规定执行
3		报汛站的水位、雨量自记仪器的配备、使用以及水位、雨量自记仪器率定等要执行相关规定
4		报汛期间因各种原因仪器没有采集到数据时，应及时恢复人工观测并以人工观测值报出
5		水位超出传感器记录范围，无法使传感器恢复正常记录时，应及时恢复人工观测并以人工观测值报出
6		由于汛期雷击故障较多，管理人员要注意天气预报，预防雷击造成信息采集、传输中断
7	洪水预报模型	建立洪水预报模型；利用洪水预报模型进行洪水预报调度，并根据水雨情情况及时修正预报方案，对前期系统出现的问题进行维护，同时对模型参数进行必要的调整；洪水预报合格率 60% 以上
8	检验保养	定期对仪器设备检验、保养

4. 控制运用管理标准

控制运用管理标准包括：调度管理标准、运行操作标准、运行值班标准等。

调度管理标准示例如表 3-4 所示。

表 3-4 调度管理标准

序号	标准内容	
1	指令接受	水库管理单位应根据批准的防洪和兴利调度计划或上级主管部门的指令，实施涵闸的控制运用，不得接受其他任何单位和个人的指令
2	指令执行	管理单位接到上级主管部门的调度指令后，根据指令内容、工程运用曲线，结合当时上下游水位情况，确定启闭方案，由单位负责人将启闭方案指令下达给运行人员
3	溢洪闸调度	溢洪闸应在接到开闸指令后，立即做好开闸前的准备工作；按时开闸泄洪，开闸前鸣笛报警或以其他方式通知库区及下游人员及船只撤离；泄洪初期，严密监视消能防冲设施的安全；泄洪过程中，加强巡视检查和观测，监视工情、水情变化情况，根据指令及时调整水闸泄量
4	涵洞调度	涵洞不得在非设计工况下运行；在接到开闸指令后，立即做好开闸前的准备工作，按时开闸送水，加强巡查，并根据指令及时调整送水量
5	指令回复	指令应详细记录、复核，执行完毕后及时上报

运行操作标准示例如表 3-5 所示。

表 3-5 运行操作标准

序号	标准内容	
1	运行准备	接到启闭指令后，值班人员应及时就位
2		检查库区、下游管理范围内有无船只、漂浮物或其他影响闸门启闭或危及闸门、建筑物安全的施工作业，并进行妥善处理
3		检查闸门启、闭状态，有无卡阻、淤积；检查启闭设备、监控系统及供电设备是否符合运行要求；观察上、下游水位和流态，核查当前流量与闸门开度
4		通过警报或扩音器提前做好开闸预警工作
5	启闭操作	应由持有上岗证的闸门运行工或熟练掌握操作技能的技术人员按规程进行操作
6		过闸流量应与上、下游水位相适应，使水跃发生在消力池内；当初始开闸或较大幅度增加流量时，应分次开启，每次泄放的最大流量、闸门开启高度应分别根据"始流时闸下安全水位-流量关系曲线""闸门开高-水位-流量关系曲线"确定；应在闸下水位稳定后才能再次增加开启高度
7		过闸水流应平稳，避免发生集中水流、折冲水流、回流、漩涡等不良流态；关闸或减少过闸流量时，应避免下游河道水位下降过快
8		多孔水闸的闸门应由中间孔向两侧依次对称开启，由两侧向中间孔依次对称关闭；闸门启闭过程中，应避免停留在易发生震动的位置
9		闸门开启后，应观察上、下游水位和流态，核对流量与闸门开度
10		涵洞应避免洞内长时间处于明满流交替状态
11		闸门运用应填写启闭记录，记录内容包括：启闭依据、操作时间、操作人员、启闭顺序、闸门开度及历时、启闭机运行状态、上下游水位、流量、流态、异常或事故处理情况等

运行值班标准示例如表 3-6 所示。

表 3-6 运行值班标准

序号	标准内容	
1	人员配备与管理	运行值班人员数量和质量应满足规范要求，值班人员应熟练掌握设备操作规程和程序，具有事故应急处理能力及一般故障的排查能力
2		值班人员应严格遵守工作纪律，不得擅自离开工作岗位
3		运行值班人员应着劳动防护服，保持仪表整洁，认真值班，精心操作，不得做与值班无关的事，不负责接待参观，不得将非运行人员带入值班现场
4	巡查检查	汛期及运行期实行 24 小时值班，密切注意水情，及时掌握水文、气象、洪水、旱情预报，严格执行调度指令，做好工程运行管理工作
5		加强对工程设施检查观测和运行情况巡视检查，随时掌握工程状况，发现问题及时上报并落实处理措施
6	交接班	水闸运行需要交接班的，在交班前 30 分钟，由当班人员按交班内容要求做好交班准备，接班人员提前 15 分钟进入现场进行交接班
7		运行值班人员应认真填写运行、交接班等记录；交接时应重点将本班设备操作情况、发生的故障及处理情况讲清

二、工程检查标准

工程检查包括日常检查、定期检查和特别检查等。水库检查应按相关规定开展，并填写记录，及时整理检查资料，汛前、汛后检查报告应分别于 4 月上旬、10 月下旬报上级主管部门。

（一）日常检查标准

日常检查包括大坝巡查、经常检查。

大坝巡查标准示例如表 3-7 所示。

表 3-7 大坝巡查标准

序号	标准内容	
1	大坝巡查	大坝巡查一般每日 1 次，在高水位、大流量运行时应增加巡查频次；大坝巡查可结合经常检查进行
2		大坝巡查应按设定的巡查路线进行，主要包括巡查大坝坝顶和迎背水坡、溢洪（闸）道进出口和启闭设施、涵洞进出口和启闭设施、穿坝建筑物与大坝接合处、大坝管理和保护范围等重点部位
3		大坝巡查的主要内容有：建筑物、设备、设施是否完好，工程运行状态是否正常，是否有影响水库行洪安全的障碍物，大坝管理和保护范围内有无违章建筑和危害工程安全的活动，工程环境是否整洁，水体颜色、气味是否异常
4	问题处理	检查时应填写检查记录，遇有违章建筑和危害工程安全的活动应及时制止；工程运用出现异常情况，应及时采取措施进行处理，并及时上报

经常检查标准示例如表 3-8 所示。

表 3-8 经常检查标准

序号	标准内容	
1	坝体	坝顶有无裂缝、变形、积水等现象；防浪墙有无开裂、倾斜等情况
2		迎水坡护坡有无裂缝、滑动、隆起、塌坑、淘空等现象；近坝水面有无冒泡、变浑、漩涡和冬季不冻等异常现象
3		背水坡及坝趾有无裂缝、滑动、隆起、塌坑、雨淋沟、散浸、渗水等现象；坝面排水系统是否通畅，有无裂缝、损坏，沟内有无垃圾、杂物；草皮护坡是否完好；反滤设施是否堵塞和排水不畅，渗水有无骤增骤减和浑浊现象
4	坝区和坝基	坝脚截渗沟是否损坏、堵塞，渗水量、颜色、气味、浑浊度等有无变化
5		两岸坝端区有无裂缝、滑动、滑坡、崩塌、渗水等，绕坝渗流是否异常
6		护坝地有无窨潮、渗水等现象，排水干沟是否损坏、堵塞
7	输泄水洞（管）	进口有无堵塞
8		竖井混凝土有无裂缝、渗水或其他损坏；井体有无倾斜或不均匀沉降
9		放水时洞内声音是否正常，不放水时是否渗漏
10		出口有无冲刷、堵塞等现象
11		工作便桥有无不均匀沉降、裂缝等现象
12	溢洪闸（道）	进水段有无坍塌、崩岸、阻水现象
13		内外侧边坡是否有异常
14		溢洪闸闸室、闸墩、胸墙、边墙、溢流面、底板和溢流堰有无裂缝、渗水、剥落等现象；伸缩缝、排水孔是否完好
15		消能设施及工作桥、交通桥是否有异常现象
16		管理范围内溢洪河道是否存在行洪障碍等情况，河道护坡是否损坏
17	闸门及启闭机	闸门有无变形、裂纹、脱焊、锈蚀及损坏现象
18		门槽有无卡堵、气蚀等情况，启闭是否灵活
19		开度指示器是否清晰、准确
20		止水设施是否完好；吊点结构是否牢固；栏杆、螺杆等有无锈蚀、裂缝、弯曲等现象
21		钢丝绳有无断丝、卡阻、磨损、锈蚀、接头不牢、变形等现象
22	问题处理	检查时应填写检查记录，遇有违章建筑和危害工程安全的活动应及时制止；工程运用出现异常情况，应及时采取措施进行处理，并及时上报

（二）定期检查标准

定期检查主要包括汛前检查、汛后检查、水下检查、涵洞进洞检查、电气试验。定期检查标准示例如表 3-9 所示。

表 3-9 定期检查标准

序号	标准内容	
1	汛前检查	管理单位应成立度汛准备工作小组，制订度汛准备工作计划，明确具体的任务内容、时间要求，落实到具体部门、具体人员
2		对坝体、坝基、坝区、输泄水洞（管）、溢洪闸（道）、闸门、启闭机、电气设备、自动化系统、安全监测设施、土石方及混凝土工程等进行全面检查
3		完成各项工程观测和成果分析；汛前检查可结合汛前保养工作同时进行，同时着重检查维修项目和度汛应急项目完成情况
4		水下检查：一般 2 年进行 1 次检查，如发生大流量引排水等特殊情况，应增加检查次数，主要检查溢洪闸、输泄水洞（管）的闸室底板、铺盖、消力池、伸缩缝等完好情况，门槽、检修门槽部位是否存在杂物卡阻
5		电气试验：管理单位应定期对电气设备、安全用具等进行预防性试验，涉及特种设备检测和防雷接地专项检测的，应由具备资质的检测单位进行检测，出具检测报告
6		涵洞进洞检查：每年至少 1 次，一般可结合汛前检查进行，可采用人工或水下机器人等方式进洞检查，检查时应做好安全防护工作
7		对汛前检查中发现的问题应及时进行处理，对影响工程安全度汛而一时又无法在汛前解决的问题，应制定好应急抢险方案
8		根据实际情况，修订防洪应急预案和大坝安全管理应急预案、运行事故处置预案，同时建立完善抢险队伍，有针对性地开展预案演练培训
9		完成规章制度修订完善和软件资料收集整理，检查增补防汛物资、备品备件、检修抢险装备等
10		对汛前检查情况及存在问题进行总结，提出初步处理措施，形成报告，并报上级主管部门
11		接受上级汛前专项检查，按要求整改提高，及时向上级主管部门反馈
12		管理单位应成立度汛准备工作小组，制订度汛准备工作计划，明确具体的任务内容、时间要求，落实到具体部门、具体人员
13	汛后检查	着重检查工程和设备度汛后的变化和损坏情况，一般在 10 月底前完成
14		完成各项工程观测和成果分析；按期完成批准的养护维修、水毁或防汛急办项目计划
15		检查机电设备备品备件、防汛抢险器材和物资消耗情况，编制物资补充计划
16		对检查中发现的问题应及时组织人员修复或作为下一年度的维修项目上报
17	成果资料	管理单位检查应规范填写定期检查记录，及时整理检查资料，编写汛前、汛后检查报告并按规定上报

（三）特别检查标准

特别检查标准示例如表 3-10 所示。

表 3-10 特别检查标准

序号	标准内容	
1	检查条件	水库遇到大洪水、大暴雨、有感地震、库水位骤变、高水位运行以及其他影响大坝安全运用的特殊情况时开展，必要时要组织专人对可能出现险情的部位进行连续监视
2	检查内容	特别检查内容应根据所遭受灾害或事故的特点来确定，着重检查土石坝及枢纽建筑物、设备和设施的变化和损坏情况
3		特别检查应对重点部位进行专门检查、检测或安全鉴定
4	问题处理	对检查发现的问题应进行分析，制定修复方案并上报
5	成果资料	特别检查记录及报告可参照定期检查

三、设备评级标准

管理单位应定期对水库涵闸闸门、启闭机等进行设备评级，设备评级按《水利水电工程闸门及启闭机、升船机设备管理等级评定标准》(SL 240—1999)及有关标准执行。

设备评级标准示例如表 3-11 所示。

表 3-11 设备评级标准

序号	标准内容	
1	评级时间	设备评级周期一般为 2 年，可结合定期检查进行
2		设备大修时，应结合大修进行全面评级；非大修年份应结合设备运行状况和维护保养情况进行相应的评级
3		设备更新后，应及时进行评级
4		设备发生重大故障、事故经修理投入运行的次年应进行评级
5		投入运行不满 3 年或正在进行更新改造的工程，不进行设备评级
6	单元划分	评级工作按照评级单元、单项设备、单位工程逐级评定
7	问题处理	单项设备被评为三类设备的应及时整改；单位工程被评为三类单位工程的，应向上级主管部门申请安全鉴定，并落实处置措施
8	成果认定	管理单位应编制评级报告，形成评级成果报上级主管部门认定

四、安全监测标准

管理单位应按照《土石坝安全监测技术规范》(SL 551—2012)《水利工程观测规程》(DB 32/T 1713—2011)和《江苏省大中型水利工程安全监测方案(试行)》要求，监测水库工程运行和安全状况，掌握工程状态变化，及时发现异常现象，分析原因，为采取处置措施提供依据。

安全监测标准示例如表 3-12 所示。

表 3-12　安全监测管理标准

序号	标准内容	
1	观测任务	管理单位应结合所管工程的结构布局、地基土质、已有的监测设施、观测手段和工程控制运用，按照 SL 551—2012、DB 32/T 1713—2011 和《江苏省大中型水利工程安全监测方案（试行）》的规定，编制观测任务书，观测任务书应明确工程概况、观测项目、观测时间与测次、观测方法、观测精度、观测成果等要求；观测任务书报上级主管部门批准后，按照规范规定开展各项观测任务
2		工程监测包括变形监测，渗流监测，水文、气象监测等，监测内容宜按设计要求确定，也可根据工程需要，开展其他观测项目
3		有水文测报任务的管理单位应根据水文测站任务书的要求，依照现行水文规范开展水文观测、报汛和水文资料整编工作
4	仪器校验	观测仪器和工具应定期校验、维护
5	设施维护	加强监测设施维护，保证监测设施的完好和有效，如有损坏应及时修复
6	观测任务实施	各工程监测项目的监测设施布置、观测方法、观测时间、观测频次、测量精度、观测记录等应符合 SL 551—2012 及 DB 32/T 1713—2011 和《江苏省大中型水利工程安全监测方案（试行）》的规定；应保持观测工作的系统性和连续性，做到随观测、随记录、随计算、随校核，人员固定、设备固定、测次固定、时间固定，无缺测、无漏测、无不符合精度、无违时
7	资料整理与整编	每次外业观测结束后，应及时对观测初步成果进行计算、复核，判断观测数据是否准确，并与历次观测成果进行比对、分析，如发现异常情况，应查明原因，必要时进行复测；在观测成果初步整理、核实无误后，应将观测资料特征值、是否在允许范围以及异常情况报告上级主管部门审核
8		每次观测完成后要及时将观测成果与历史观测成果进行比较，分析变化规律、趋势是否合理；观测成果与设计或理论计算值比较，分析规律是否具有一致性和合理性；并对工程的控制运用、维修加固提出初步建议
9		平时资料整理在每次观测结束后进行，重点是查证原始观测数据的正确性，计算观测物理量，填写观测数据记录表格，点绘观测物理量过程线，考察观测物理量的变化，初步判断是否存在变化异常值；在平时资料整理的基础上进行观测统计，填制统计表格，绘制各种观测变化的分布相关图表
10		根据每次垂直位移观测成果，结合其他观测项目和水文地质资料，分析垂直位移量的变化及趋势，并与上次观测成果及初始值进行比较分析其是否正常；重点分析近期物理量的最大、最小值以及累计位移量、间隔位移量的极值与异常部位
11		根据每次水平位移观测成果，结合其他观测项目和水文地质资料，分析水平位移量的变化规律及趋势，对工程的运行状态进行评价
12		应根据每次渗流观测成果，结合其他观测项目和水文地质资料，分析渗流压力分布和渗流量的变化规律及趋势，对工程的运行状态进行评价
13		年度资料整理包括观测工作说明，分析观测成果的变化规律及趋势，并对工程控制运用等提出建议
14		资料整编每年进行 1 次，对本年度观测成果进行全面审查，检查观测项目是否齐全、方法是否合理、数据是否可靠、图表是否齐全、说明是否完备等；对各类表格进行校核，检查数据有无错误、遗漏；检查和论证初步分析是否正确；积累长系列观测资料，研究工程变化规律；对审查合格的资料整编成果应装订成册，归入技术档案

续表

序号	标准内容	
15	成果报送	每年 6 月底和 12 月底，报送大中型水库渗流（测压管水位）观测情况、最大渗流量及其规律是否具有一致性和合理性，水库大坝垂直位移、水平位移的最大间隔位移量、最大不均匀位移量及是否正常分析等成果；每年 1 月底前，报送上一年度观测成果分析和观测工作总结
16	施工期观测	工程施工期间的观测工作由施工单位负责，在交付管理单位管理后，由管理单位进行，双方应做好交接工作

五、养护维修标准

水库工程的养护维修应坚持“经常养护、及时维修、养修并重”，对检查发现的缺陷和问题，应随时进行养护维修。养护一般可结合汛前、汛后检查定期进行。设备清洁、润滑、调整等应视使用情况经常进行。工程养护维修应以恢复原设计标准或局部改善工程原有结构为原则，根据检查和监测成果，结合工程特点、运用条件、技术水平、设备材料和经费承受能力等因素制定维修方案。养护维修主要包括项目管理、土石坝养护维修、涵闸混凝土及砌石工程养护维修、闸门养护维修、启闭机养护维修、电气设备养护维修、通信及监控设施养护维修、管理设施养护维修。本标准主要参考《土石坝养护修理规程》(SL 210—2015)、《水利水电工程启闭机制造、安装及验收规范》(SL 381—2007)、《水闸工程管理规程》(DB 32/T 3259—2017)、《水工金属结构防腐蚀规范》(SL 105—2007)、《江苏省水库技术管理办法》等制定。

（一）项目管理标准

项目管理标准如表 3-13 所示。

表 3-13　项目管理标准

序号	标准内容	
1	计划编报	工程养护维修计划应根据相关定额进行编制，每年 10 月底前编制完成养护维修计划并上报
2		工程养护维修计划经批准后，应及时组织实施，凡影响安全度汛的项目应在汛前完成；需跨年度实施的项目，应上报批准
3	实施准备	工程养护维修项目实行项目负责人制度，根据批准的计划，认真编制施工方案
4		应按照招投标或集中采购的有关规定，选择具有施工资质和能力的维修施工队伍，并加强项目管理
5	项目实施	项目实施过程中应随时跟踪项目进展，建立施工管理日志，用文字及图像记录工程施工过程发生的事件和形成的各种数据
6		如实反映主要材料、机械、用工及经费等的使用情况，做到专款专用，并及时填写项目实施情况记录表
7		汛期或工程运行期间实施的项目应向上级防汛主管部门备案

续表

序号	标准内容	
8	项目验收	维修项目验收视具体情况,分材料及设备验收、工序验收、隐蔽工程验收、阶段验收;项目完工进行项目竣工验收;由几个分项目组成的维修项目除项目竣工验收外,还应按分项目分别进行单项验收
9		材料及设备验收应具有材料各项检验资料、设备合格证、产品说明及图纸等随机资料
10		工序验收、工程隐蔽部分、阶段验收应在该工序或隐蔽部分施工结束时进行;分部验收应具备相应的施工资料,包括质量检验数据、施工记载、图纸、试验资料、照片等资料
11		分项单项验收时应具备相应的维修实施情况记录,质量检查验收记录,施工过程照片,材料设备、工序、工程隐蔽部分或阶段验收资料,以及试运行的资料
12		工程竣工应具备相应的技术资料、竣工总结及图纸、照片、项目决算及内部审计报告等资料
13	项目管理卡	工程养护维修项目实行项目管理卡制度,分别建立工程养护、维修项目管理卡
14	绩效评价	对预算到位情况、数量指标、质量指标、时效指标、成本指标、经济效益指标、社会效益指标、生态效益指标、服务对象满意指标等进行自我评价,填写绩效目标自评表

(二)土石坝养护维修标准

土石坝养护维修标准主要包括土石坝养护、维修。

1. 土石坝养护标准示例如表 3-14 所示。

表 3-14　土石坝养护标准

序号	标准内容	
1	坝顶坝端	养护应达到坝顶平整,无积水,无杂草,无弃物;防浪墙、坝肩、踏步完整,轮廓鲜明;坝端无裂缝,无坑凹,无堆积物
2		应及时清除坝顶的杂草、弃物;坝顶出现坑洼和雨淋沟缺,应及时用相同材料填平补齐,并应保持一定的排水坡度;坝顶路面应经常规范养护,出现损坏时,应及时按原路面要求修复,不能及时修复的,应用土或石料临时填平
3		防浪墙、坝肩、踏步、栏杆、路缘石等出现局部破损时,应及时修补或更换,保持完整和轮廓鲜明
4		应及时清除坝端的堆积物,坝端出现局部裂缝、坑凹,应查明原因,及时填补
5		坝顶灯柱歪斜,线路和照明设备损坏时,应及时修复或更换
6		坝顶排水系统出现堵塞、淤积或损坏时,应及时清理和修复
7	坝坡	坝坡养护应达到坡面平整,无雨淋沟缺,无荆棘杂草滋生;护坡砌块应完好,砌缝紧密,填料密实,无松动、塌陷、脱落、风化、冻毁或架空等现象;排水系统应完好无淤堵

续表

序号	标准内容	
8	坝坡	干砌块石护坡的养护应符合下列要求： (1) 及时填补、楔紧脱落或松动的护坡石料； (2) 及时更换风化或冻损的块石，并嵌砌紧密； (3) 块石塌陷、垫层被淘刷时，应先翻出块石，恢复坝体和垫层后，再将块石嵌砌紧密
9	坝坡	混凝土或浆砌块石护坡的养护应符合下列要求： (1) 清除伸缩缝内杂物、杂草，及时填补流失的填料； (2) 护坡局部发生侵蚀剥落、裂缝或破碎时，应及时采用水泥砂浆表面抹补、喷浆或填塞处理； (3) 排水孔如有不畅，应及时进行疏通或补设
10	坝坡	堆石或碎石护坡石料如有滚动，造成厚薄不均时，应及时进行平整
11	坝坡	草皮护坡的养护应符合下列要求： (1) 经常修整、清除杂草、防治病虫害，保持护坡完整美观；若杂草严重，应及时用化学或人工去除杂草；发现病虫害时，应立即喷洒杀虫剂或杀菌剂；使用化学药剂时，要防止环境污染； (2) 草皮干枯时，应及时洒水或施肥养护； (3) 出现雨淋沟缺时，应及时还原坝坡，补植草皮； 对无护坡土坝，如发现有凹凸不平，应进行填补整平；如有冲刷沟，应及时修复，并改善排水系统；如遇风浪淘刷，应进行填补，必要时放缓边坡
12	坝坡	坝坡坡面排水系统、坝体与岸坡连接处的排水沟、两岸山坡上的截水沟出现堵塞、淤积或损坏时，应及时清除或修复
13	坝坡	混凝土面板的养护应符合下列要求： (1) 表面及沟道等应经常清理，保持表面清洁整齐，无积水、散落物、杂草、垃圾和乱堆的杂物、工具等； (2) 表面出现轻微裂缝时，应加强检查和观测，并采取封闭处理等措施； (3) 表面剥蚀、磨损、冲刷、风化等类型的轻微缺陷，宜采用水泥砂浆、细石混凝土或环氧类材料等及时修补
14	坝坡	混凝土碳化与氯离子侵蚀应采取下列防护措施： (1) 对碳化可能引起钢筋锈蚀的混凝土表面应采用涂料涂层全面封闭防护；碳化与氯离子侵蚀引起钢筋锈蚀时，应采用涂料涂层封闭防护措施； (2) 对有氯离子侵蚀的钢筋混凝土表面可采用涂料涂层封闭防护，也可采用阴极保护； (3) 面板变形缝止水带的止水盖板(片)、嵌缝止水条、柔性填料等出现局部损坏、老化现象时，应及时修复或更换
15	坝区	设置在坝区范围内的排水设施、监测设施、交通设施和绿化等，应保持完整、美观，无损坏现象
16	坝区	绿化区内的树木、花卉出现缺损、枯萎时，应及时补植或灌水、施肥养护
17	坝区	坝区范围内出现新的渗漏逸出点时，应设置观测设施进行持续观测，分析查明原因后再行处理

续表

序号	标准内容	
18	排水导渗设施	排水、导渗设施应达到无断裂、损坏、阻塞、失效现象，排水畅通
19		排水沟(管)内的淤泥、杂物及冰塞，应及时清除，保持畅通
20		排水沟(管)局部的松动、裂缝和损坏，应及时用水泥砂浆修补
21		排水沟(管)的基础如被冲刷破坏，应先恢复基础，后修复排水沟(管)；修复时，应使用与基础同样的土料，恢复至原断面，并夯实；排水沟(管)如设有反滤层时，应按设计标准恢复
22	安全监测设施	定期检查各类安全监测设施的工作状态，及时保养和维护；损坏且具备修复条件的安全监测设施应及时修复； (1) 水平、垂直位移等观测基点定期校测，表面清洁，无锈斑、缺损；基底混凝土无损坏现象；观测基点有必要的保护设施，保护盖开启方便； (2) 沉陷点、测压管等能够正常观测使用；各观测设施的标志完好，外观整洁、美观； (3) 测压管淤积情况应不影响观测，管内无碎石、混凝土及其他材料堵塞现象； (4) 水尺安装牢固，表面清洁，标尺数字清晰，无损坏； (5) 量水堰板上的附着物和堰槽内的淤泥或堵塞物，应及时清除
23		易损坏的安全监测设施应加盖上锁、建围栅或房屋进行保护，如有损坏，及时修复
24		应及时清除动物在安全监测设施内筑的巢窝；易被动物破坏的安全监测设施应设防护装置
25		应经常维护安全监测自动化采集系统的避雷装置
26		观测房及观测站应保持室内干燥，室内温度满足安全监测仪器的工作温度要求，必要时采取保暖措施，观测房应该保持外观整洁，通往观测房的道路应通畅，无杂草、杂物

2. 土石坝维修标准示例如表 3-15 所示。

表 3-15　土石坝维修标准

序号	标准内容	
1	坝坡维修	坝坡维修可采用填补翻修、干砌石缝黏结、混凝土盖面加固、混凝土框格加固等方法
2		坝坡损坏经应急处理而趋于稳定后，应尽快进行永久性加固维修；一般可在现有基础上填补翻修，如填补翻修不足以防止再次损坏，可采取包括改变护坡形式在内的其他维修措施
3		砌石护坡包括干砌石护坡、浆砌石护坡、混凝土灌砌石护坡等；维修前，先清除翻修部位的块石和垫层，并保护好未损坏的砌体；根据护坡损坏的轻重程度，可采用填补翻筑，增设阻滑齿墙、细石混凝土灌缝和浆砌或混凝土框格结构，在原砌体上部浇筑混凝土盖面，增强抗冲能力等方法维修
4		混凝土护坡(包括现浇和预制混凝土)维修应根据护坡损坏情况，可采用局部填补、翻修加厚、增设阻滑齿墙和更换预制块等方法进行维修； 更换预制混凝土板时，应做到：拆除破损预制板时，应保护好完好部分；垫层应按防冲刷的要求铺设；更换的预制混凝土板应铺设平稳、接缝紧密
5		草皮护坡维修应符合下列要求：草皮遭雨水冲刷流失和干枯坏死时，可采用添补、更换的方法进行；护坡的草皮中有杂草或灌木时，可采用人工挖除或化学药剂除净杂草

续表

序号	标准内容	
6	坝体裂缝维修	坝体裂缝维修可采用翻松夯实法、灌土封口法、开挖回填法、充填式黏土灌浆法或开挖回填与充填式黏土灌浆相结合的方法等
7		坝体裂缝维修方法选用： (1) 表面干缩裂缝、冰冻裂缝以及深度小于 1 m 的浅层裂缝，可采用翻松夯实法、灌土封口法进行维修； (2) 对于深度 1～3 m 的中等深度裂缝，可采用开挖回填法进行维修；若为沉陷裂缝，应待裂缝发展趋于稳定后再进行处理；若库水位较高不易采用全部开挖回填或开挖有困难时，可采用开挖回填与下部充填式黏土灌浆相结合的方法处理； (3) 深度大于 3 m 的深层裂缝，可采用充填式黏土灌浆或采用上部开挖回填与下部充填式黏土灌浆相结合的方法处理；滑坡主裂缝不宜采用灌浆法进行处理
8	坝体滑坡维修	坝体滑坡维修应在护坡基本稳定后进行，坝体滑坡维修应符合下列规定： (1) 凡因坝体渗漏引起的坝体滑坡，维修时应首先进行渗漏处理； (2) 滑坡处理前，应防止雨水渗入裂缝内，可用塑料薄膜等覆盖封闭滑坡裂缝，同时在裂缝上方开挖截水沟，拦截和引走坝面的雨水
9		滑坡维修应根据滑坡类型、滑坡状况、滑坡成因、已采取的抢护措施等因素综合考虑，按“上部削坡减载，下部压重固脚”的原则，采用开挖回填、加培缓坡、压重固脚、混凝土防渗墙、导渗排水等多种方法进行综合处理
10		因坝身单薄、坝坡过陡引起的滑坡，可采用加培缓坡的方法进行维修；因滑坡体底部脱离坝脚而出现的深层滑坡，可采用压重固脚的方法进行维修；因排水体失效、坝坡土体饱和而引起的滑坡，可采用导渗排水的方法进行维修
11		因坝身填筑碾压不实或浸润线过高而造成的背水坡滑坡，在有条件放空水库的情况下，应以上游防渗为主，辅以下游压坡、导渗和放缓坝坡；上游防渗可增加黏土斜墙；当水库不能放空时，可采取抛土或放淤方法防渗，也可建混凝土或水泥土防渗墙
12		地基有软弱夹层或坝身抗剪强度较低，且背水坡较陡而造成的滑坡，如清除夹层有困难时，应以放缓坝坡为主，辅以坡脚导渗排水的方法进行处理
13		因坝体土料含水量较大、孔隙水压力过大而引起的滑坡，可采用放缓坝坡、压重固脚和贴坡排水的方法；对迎水坡滑坡，应降低库水位，在滑坡体坡脚抛筑透水压重体，在透水压重体上填土培厚坝脚；如不具备降低库水位条件时，应采用水上抛石或沙袋、土工模袋的方式进行压坡固脚
14		因排水设施堵塞而引起的背水坡滑坡，可分段清理排水设施，恢复排水能力；如无法完全恢复排水能力时，可在排水体上部设置贴坡排水，然后在滑坡体下部修筑压重体
15	大坝渗漏维修	大坝渗漏处理包括坝体渗漏处理、坝基渗漏处理与绕坝渗漏处理；当坝体与坝基或坝肩同时存在异常渗漏时，应结合具体渗漏情况进行综合处理
16		渗漏处理应遵照“上截下排”的原则，采取截渗、导渗排水措施
17		截渗可采用抛投细粒土料、加固上游黏土防渗铺盖、抽槽回填、铺设土工膜、套井回填、混凝土(或水泥土)防渗墙、劈裂灌浆、高压喷射灌浆、帷幕灌浆、充填灌浆、级配料灌浆等方法；下游导渗排水可采用导渗沟、反滤层导渗等方法
18		导渗排水维修可采用贴坡排水、棱体排水、排水沟、减压井、透水盖重等

续表

序号	标准内容	
19	坝下埋涵(管)维修	混凝土涵(管)壁渗漏维修应按《混凝土坝养护修理规程》(SL 230—2015)中有关混凝土渗漏处理的规定执行;浆砌石涵出现灰浆脱落或裂缝漏水时,应将砌缝或裂缝洗涤干净,用玻璃纤维堵塞漏缝,再用掺有水玻璃的快速水泥砂浆勾缝
20		涵(管)质量差、洞壁单薄、漏水严重或发生断裂时可采用内衬和套管进行加固
21		因地基不均匀沉陷而导致涵(管)断裂时,应首先加固地基,再修复涵(管)结构;如断裂部位在进、出口附近,可直接挖出松软土体,用三合土分层填筑夯实,如断裂部位在中段,可在洞内钻孔进行基础固结灌浆或开挖基础换土回填
22		涵(管)因未做截水环引起的渗漏,可在坝体迎水坡一侧增建截水墙
23		因涵(管)进口形状不当而产生空蚀时,应改善进口形状;进口形状宜改成椭圆形曲线,闸门槽与洞身之间应设渐变段;对无压洞及部分开启的有压洞,可在负压区设置通气孔;涵(管)混凝土的磨损、空蚀、剥蚀和碳化维修可按《混凝土坝养护修理规程》(SL 230—2015)的规定执行

(三) 涵闸混凝土及砌石工程养护维修标准

涵闸混凝土及砌石工程养护维修主要包括混凝土及砌石工程养护、混凝土工程维修、砌石工程维修。

1. 混凝土及砌石工程养护标准

混凝土及砌石工程养护标准如表 3-16 所示。

表 3-16　混凝土及砌石工程养护标准

序号	标准内容	
1	闸身	应经常清理建筑物表面,保持清洁整齐,积水、积雪应及时排除;门槽、闸墩等处如有散落物、杂草或杂物、苔藓、蚧贝、污垢等应予清除;闸门槽、底坎等部位淤积的砂石、杂物应及时清除
2		底板、消力池内的石块和淤积物应定期清除
3		应及时打捞、清理闸前积存的漂浮物
4		应及时修复建筑物局部破损
5	岸墙、翼墙	岸墙、翼墙和挡土墙上的排水孔以及空箱岸(翼)墙的进水孔、排水孔、通气孔等均应保持畅通;空箱岸(翼)墙内淤积应适时清除
6		排水沟杂物应及时清理,保持排水畅通
7	交通桥	公路桥、工作桥和工作便桥桥面应定期清扫,保持桥面排水孔泄水畅通
8	反滤排水	反滤设施、减压井、导渗沟及消力池、护坦上的排水井(沟、孔)或翼墙、护坡上的排水管应保持畅通,如有堵塞、损坏,应予疏通、修复;反滤层淤塞或失效应重新补设排水井(沟、孔、管)
9	防冻措施	冰冻期间应采取防冻措施,防止建筑物及闸门受冰压力作用以及冰块的撞击而损坏;雨雪后应立即清除建筑物表面及其机械设备上的积雪、积水,防止冻结、冻坏建筑物和设备

2. 涵闸混凝土及砌石工程维修标准

混凝土及砌石工程维修标准如表 3-17 所示。

表 3-17 混凝土及砌石工程维修标准

序号	标准内容	
1	混凝土工程	涵闸的混凝土结构严重受损，影响安全运用时，应拆除并修复损坏部分；在修复消力池底板、护坦等工程部位混凝土结构时，重新敷设垫层（或反滤层）；在修复翼墙部位混凝土结构时，重新做好墙后回填、排水及其反滤体
2		混凝土结构承载力不足的，可采用增加断面、改变连接方式、粘贴钢板或碳纤维布等方法补强、加固
3		混凝土裂缝处理，应考虑裂缝所处的部位及环境，按裂缝深度、宽度及结构的工作性能，选择相应的修补材料和施工工艺，在低温季节裂缝开度较大时进行修补；渗（漏）水的裂缝，应先堵漏，再修补
4		混凝土渗水处理，可按混凝土缺陷性状和渗水量，采取相应的处理方法：混凝土淘空、蜂窝等形成的漏水通道，当水压力＜0.1 MPa 时，可采用快速止水砂浆堵漏处理；当水压力≥0.1 MPa 时，可采用灌浆处理；混凝土抗渗性能低，出现大面积渗水时，可在迎水面喷涂防渗材料或浇筑混凝土防渗面板进行处理；混凝土内部不密实或网状深层裂缝造成的散渗，可采用灌浆处理；混凝土渗水处理，也可采用经过技术论证的其他新材料、新工艺和新技术
5		修补混凝土冻融剥蚀，应先凿除损伤的混凝土，再回填满足抗冻要求的混凝土（砂浆）或聚合物混凝土（砂浆）；混凝土（砂浆）的抗冻等级、材料性能及配比，应符合国家现行有关技术标准的规定
6		钢筋锈蚀引起的混凝土损害，应先凿除已破损的混凝土，处理锈蚀的钢筋，损害面积较小时，可回填高抗渗等级的混凝土（砂浆），并用防碳化、防氯离子和耐其他介质腐蚀的涂料保护，也可直接回填聚合物混凝土（砂浆）；损害面积较大、施工作业面许可时，可采用喷射混凝土（砂浆），并用涂料封闭保护；回填各种混凝土（砂浆）前，应在基面上涂刷与修补材料相适应的基液或界面黏结剂；修补被氯离子侵蚀的混凝土时，应添加钢筋阻锈剂
7		混凝土空蚀修复，应首先清除造成空蚀的条件（如体形不当、不平整度超标及闸门运用不合理等），然后对空蚀部位采用高抗空蚀材料进行修补，如高强硅粉钢纤维混凝土（砂浆）、聚合物水泥混凝土（砂浆）等，对水下部位的空蚀，也可采用树脂混凝土（砂浆）进行修补
8		位于水下的闸底板、闸墩、岸墙、翼墙、铺盖、护坦、消力池等部位，如发生表层剥落、冲坑、裂缝、止水设施损坏，应根据水深、部位、面积大小、危害程度等不同情况，选用钢围堰水、气压沉柜等设施进行修补，或由潜水人员采用特种混凝土进行水下修补
9		混凝土建筑物修补施工技术要求参考《水闸技术管理规程》（SL 75—2014）及相关规范
10	砌石工程	底部淘空、垫层散失等现象时，应参照《水闸施工规范》（SL 27—2014）中有关规定按原状修复；施工时应做好相邻区域的垫层、反滤、排水等设施
11		浆砌石工程墙身渗漏严重的，可采用灌浆、迎水面喷射混凝土（砂浆）或浇筑混凝土防渗墙、墙后导渗等措施；浆砌石墙基出现冒水冒沙现象，应立即采用墙后降低地下水位和墙前增设反滤设施等办法处理
12		水闸的防冲设施（防冲槽、海漫等）遭受冲刷破坏时，一般可加筑消能设施或抛石笼、柳石枕和抛石等方法处理

（四）闸门养护维修标准

闸门养护维修主要包括闸门养护、闸门维修。

1. 闸门养护标准

闸门养护标准如表 3-18 所示。

表 3-18　闸门养护标准

序号	标准内容	
1	门叶	及时清理面板、梁系及支臂附着的水生物、泥沙和漂浮物等杂物，梁格、臂杆内无积水，保持清洁
2		及时紧固配齐松动或缺失的构件连接螺栓
3		闸门运行中发生震动时，应查找原因，采取措施消除或减轻
4	行走支承装置	定期清理行走支承装置，保持清洁
5		保持运转部位的加油设施完好、畅通，并定期加油；闸门滚轮、弧形门支铰等难以加油部位，应采取适当方法进行润滑，一般可采用高压油泵（枪）定期加油
6		及时拆卸清洗滚轮或支铰轴堵塞的油孔、油槽，并注油
7	吊耳及锁定装置	定期清理吊耳、吊杆及锁定装置
8		吊耳、吊杆及锁定装置的部件变形时，可矫正，但不应出现裂纹、开焊
9	止水装置	止水橡皮磨损、变形的，应及时调整达到要求的预压量
10		止水橡皮断裂的，可粘接修复
11		对止水橡皮的非摩擦面，可涂防老化涂料
12		冬季应将水润滑管路排空，防止冻坏
13	埋件	定期清理门槽，保持清洁
14		闸门的预埋件应有暴露部位非滑动面的保护措施，保持与基体联结牢固、表面平整、定期冲洗；主轨的工作面应光滑平整并在同一垂直平面，其垂直平面度误差应符合设计规定
15	检修闸门	放置应整齐有序，并进行防腐保护，如局部破损或止水损坏，应进行维修
16	防腐	钢闸门使用过程中，应对表面涂膜（包括金属涂层表面封闭涂层）进行定期检查，发现局部锈斑、针状锈迹时，应及时补涂涂料

2. 闸门维修标准

闸门维修标准如表 3-19 所示。

表 3-19　闸门维修标准

序号	标准内容	
1	门叶	闸门构件强度、刚度或蚀余厚度不足应按设计要求补强或更换
2		闸门构件变形应矫正或更换
3		门叶的一、二类焊缝开裂处理应先探查深度和范围，及时补焊或补强

续表

序号	标准内容	
4	门叶	门叶连接螺栓孔轻度腐蚀可扩孔，配相应的螺栓
5		闸门防冰冻构件损坏应修理或更换
6	行走支承装置	压合胶木滑道损伤或滑动面磨损严重应更换
7		滑块严重磨损应更换
8		主轨道变形、断裂、磨损严重应更换
9		轴和轴套出现裂纹、压陷、变形、磨损严重，轮轴与轴套间隙超过允许公差时，应更换
10		轴销磨损、腐蚀量超过设计标准时，应修补或更换
11		滚轮踏面磨损的可补焊，并达到设计圆度；滚轮、滑块夹槽、支铰发生裂纹的，应更换，确认不影响安全时，可补焊；滚轮磨损严重或锈死不转时，应更换
12	吊耳及锁定装置	吊耳、吊杆及锁定装置的轴销裂纹或磨损、腐蚀量大于原直径 10%时，应更换
13		吊耳及锁定装置的连接螺栓腐蚀，可除锈防腐，腐蚀严重的，应更换
14		受力拉板或撑板腐蚀量大于原厚度 10%时，应更换
15	止水	止水橡皮严重磨损、变形或老化、失去弹性，门后水流散射或设计水头下渗漏量＞0.2 L/(s·m)时，应更换
16		潜孔闸门顶止水翻卷或撕裂，应查找原因，采取措施消除和修复
17		止水压板螺栓、螺母应齐全，压板局部变形可矫正；严重变形或腐蚀应更换
18		水润滑管路、阀门等损坏应修理或更换
19		止水木腐蚀、损坏时，应予更换
20		刚性止水在闭门状态应支承可靠、止水严密，挡板出现焊缝脱落现象，应予补焊，填料缺失时，应填满符合原设计要求的环氧砂浆
21	埋件	埋件破损面积＞30%时，应全部更换
22		埋件局部变形、脱落应局部更换
23		止水座板出现蚀坑时，可涂刷树脂基材料或喷镀不锈钢材料整平
24	防腐	当涂层普遍出现剥落、鼓泡、龟裂、明显粉化等老化现象时，应全部重做新的防腐涂层或封闭涂层

（五）启闭机养护维修标准

启闭机养护维修主要包括卷扬式启闭机的养护、卷扬式启闭机的维修、螺杆启闭机养护维修、液压启闭机的养护、液压启闭机的维修。

1. 卷扬式启闭机的养护标准

卷扬式启闭机的养护标准如表 3-20 所示。

表 3-20　卷扬式启闭机的养护标准

序号	标准内容	
1	标志标牌	启闭机应编号清楚，设有转动方向指示标志，在启闭机外罩设置闸门升降方向标志
2		启闭机传动轴等转动部位应涂红色油漆，油杯宜涂黄色标志
3	机体防护	启闭机机架（门架）、启闭机防护罩、机体表面应保持清洁，除转动部位的工作面外，应采取防腐蚀措施；防护罩应固定到位，防止齿轮等碰壳
4	润滑	注油设施（如油孔、油道、油槽、油杯等）应保持完好，油路应畅通，无阻塞现象；油封应密封良好，无漏油现象；一般根据工程启闭频率定期检查保养，清洗注油设施，并更换油封，换注新油
5		机械传动装置的转动部位应及时加注润滑油，应根据启闭机转速或说明书要求选用合适的润滑油脂；减速箱内油位应保持在上、下限之间，油质应合格；油杯、油道内油量应充足，并经常在闸门启闭运行时旋转油杯，使轴承得以润滑
6	传动装置	启闭机的联接件应保持紧固，不得有松动现象
7		开式齿轮及齿形联轴节应保持清洁，表面润滑良好，无损坏及锈蚀
8		应保持滑轮组润滑、清洁、转动灵活，滑轮内钢丝绳不得出现脱槽、卡槽现象；若钢丝绳卡阻、偏磨应调整
9		钢丝绳应定期清洗保养，并涂抹防水油脂；钢丝绳两端固定部件应紧固、可靠；钢丝绳在闭门状态不得过松
10	制动装置	制动装置应经常维护，适时调整，确保动作灵活、制动可靠；液压制动器及时补油，定期清洗、换油
11	开度指示	闸门开度指示器应定期校验，确保运转灵活，指示准确

2. 卷扬式启闭机的维修标准

卷扬式启闭机的维修标准如表 3-21 所示。

表 3-21　卷扬式启闭机的维修标准

序号	标准内容	
1	大修周期	应根据启闭机相关技术规程，结合启闭机运行情况和实际状况，确定大修周期，按时进行大修
2	机架	启闭机机架不得有明显变形、损伤或裂纹，底脚连接应牢固可靠；机架焊缝出现裂纹、脱焊、假焊，应补焊
3	传动装置	启闭机联轴节连接的两轴同轴度应符合规定；弹性联轴节内弹性圈如出现老化、破损现象，应予更换
4		滑动轴承的轴瓦、轴颈出现划痕或拉毛时应修刮平滑；轴与轴瓦配合间隙超过规定时，应更换轴瓦；滚动轴承的滚子及其配件出现损伤、变形或磨损严重时，应更换
5		齿轮联轴器齿面、轴孔缺陷超过相关规定或出现裂纹时，应更换

续表

序号	标准内容	
6	传动装置	滑轮组轮缘裂纹、破伤以及滑轮槽磨损超过允许值时，应更换
7		卷扬式启闭机卷筒及轴应定位准确、转动灵活，卷筒表面、幅板、轮缘、轮毂等不得有裂纹或明显损伤
8		钢丝绳达到《起重机 钢丝绳 保养、维护、检验和报废》(GB/T 5972—2016)规定的报废标准时，应予更换；更换的钢丝绳规格应符合设计要求，应有出厂质保资料；更换钢丝绳时，缠绕在卷筒上的预绕圈数，应符合设计要求，无规定时，应大于4圈，其中2圈为固定用，另外2圈为安全圈
9		钢丝绳在卷筒上应排列整齐，不咬边、不偏档、不爬绳；卷筒上固定应牢固，压板、螺栓应齐全，压板、夹头的数量及距离应符合《钢丝绳用压板》(GB/T 5975—2006)的规定
10		双吊点闸门钢丝绳应保持双吊点在同一水平，防止闸门倾斜；一台启闭机控制多孔闸门时，应使每一孔闸门在开启时保持同高
11		发现钢丝绳绳套内浇注块粉化、松动时，应立即重浇
12		弧形闸门钢丝绳与面板连接的铰链应转动灵活
13	制动装置	制动装置制动轮、闸瓦表面不得有油污、油漆、水分等；闸瓦退距和电磁铁行程调整后，应符合《水利水电工程启闭机制造 安装及验收规范》(SL 381—2007)的有关规定；制动轮出现裂纹、砂眼等缺陷，应进行整修或更换；制动带磨损严重，应予更换；制动带的铆钉或螺钉断裂、脱落，应立即更换补齐；主弹簧变形，失去弹性时，应予更换；涡轮蜗杆应保持自锁可靠，锥形摩擦圈间隙调整适当，定期适量加油

3. 螺杆启闭机养护维修标准

螺杆启闭机养护维修标准如表 3-22 所示。

表 3-22 螺杆启闭机养护维修标准

序号	标准内容	
1	标志标牌	启闭机应编号清楚，设有转动方向指示标志，在启闭机外罩设置闸门升降方向标志
2	大修	结合启闭机运行情况和实际状况，确定大修周期，按时进行大修
3	润滑保护	定期清理螺杆，并涂抹油脂润滑、保护，条件允许时可配防护罩
4	承重装置	螺杆的直线度超过允许值时，应矫正调直并检修推力轴承；修复螺杆螺纹擦伤，及时更换厚度磨损超限的螺杆螺纹
5		承重螺母、盆形齿轮、伞形齿轮出现裂纹、断齿或螺纹齿宽磨损量超过允许值时，应更换
6		及时更换保持架变形、滚道磨损点蚀、滚体磨损的推力轴承
7		螺杆与吊耳的连接应牢固可靠

4. 液压启闭机的养护标准

液压启闭机的养护标准如表 3-23 所示。

表 3-23　液压启闭机的养护标准

序号	标准内容	
1	标志标牌	启闭机应编号清楚，设有转动方向指示标志，在启闭机外罩设置闸门升降方向标志
2	固定防护	油缸支架与基体连接应牢固，活塞杆外露部位可设软防尘装置
3	检验调试	调控装置及指示仪表应定期检验
4		运行频次较少的启闭机定期进行试运行
5	防渗漏	油泵、油管系统应无渗油现象
6	液压油	工作油液应定期化验、过滤，油质应符合规定
7		经常检查油箱油位，保持在允许范围内；吸油管和回油管口保持在油面以下

5. 液压启闭机的维修标准

液压启闭机的维修标准如表 3-24 所示。

表 3-24　液压启闭机的维修标准

序号	标准内容	
1	标志标牌	供油管和排油管应敷设牢固；启闭机应编号清楚，设有转动方向指示标志；油压启闭机压力油管应涂刷或标示红色，回油管涂黄色，闸阀涂黑色，手柄涂红色，并标明液压油流向
2		在启闭机外罩设置闸门升降方向标志
3	大修	应根据启闭机相关技术规程，结合启闭机运行情况和实际状况，确定大修周期，按时进行大修
4	执行元件	液压启闭机的活塞环、油封出现断裂、失去弹性、变形或磨损严重的，应予更换
5		油缸内壁及活塞杆出现轻微锈蚀、划痕、毛刺，应磨刮平滑；油缸和活塞杆有单面压磨痕迹时，分析原因后，予以处理
6	管路	液压管路出现焊缝脱落、管壁裂纹，应及时修理或更换。修理前应先将管道内油液排净后才能进行施焊。严禁在未拆卸管件的管路上补焊；管路需要更换时，应与原设计规格相一致
7	附件	更换失效的空气干燥器、液压油过滤器部件
8		液压系统有滴、冒、漏现象时，及时修理或更换密封件
9		贮油箱焊缝漏油需要补焊时，可参照管路补焊的有关规定进行处理；补焊后应作注水渗漏试验，要求保持 12 h 无渗漏现象
10	耐压试验	油缸检修组装后，应按设计要求作耐压试验；如无规定，则按工作压力试压 10 min；活塞沉降量不应>0.5 mm，上、下端盖法兰不应漏油，缸壁不应有渗油现象
11		管路上使用的闸阀、弯头、三通等零件壁身有裂纹、砂眼或漏油时，均应更换新件；更换前，应单独作耐压试验；工作压力≤16 MPa 时，试验压力为工作压力的 1.5 倍；工作压力>16 MPa，试验压力为工作压力的 1.25 倍，保持 10 min 以上无渗漏时，才能使用
12		当管路漏油缺陷排除后，应按设计规定作耐压试验；如无规定，试验压力为工作压力的 1.25 倍，保持 30 min 无渗漏，才能投入运用

续表

序号	标准内容	
13	试运行	油泵检修后，应将油泵溢流阀全部打开，连续空转≥30 min，不得有异常现象；空转正常后，在监视压力表的同时，将溢流阀逐渐旋紧，使管路系统充油（充油时应排除空气）；管路充满油后，调整油泵溢流阀，使油泵在工作压力的25%、50%、75%、100%的情况下分别连续运转15 min，应无震动、杂音和温升过高现象
14		空转试验完毕后，调整油泵溢流阀，使其压力达到工作压力的1.1倍时动作排油，此时应无剧烈震动和杂音
15	移动式启闭机	移动式启闭机行走应平稳，不得有啃轨现象，车轮不得有裂纹等缺陷
16		移动式启闭机夹轨器支铰应定期保养，钳口张闭灵活，开度均匀，锁闭时应卡紧轨道
17		移动式启闭机和检修门起吊用电动葫芦在不使用时应停放在水闸一端，并应有防水保护设施，电缆线、滑触线应堆放整齐；轨道应定期保养、油漆，并保持在同一直线上，如发现固定螺栓松动，应及时紧固

（六）电气设备养护维修标准

电气设备养护维修主要包括油浸式变压器的养护维修、干式变压器养护维修、电动机的养护维修、操作设备的养护维修、启闭机控制系统的养护维修、柴油发电机组养护维修、蓄电池养护维修、输电线路的养护维修、防雷接地设施的养护维修。

1. 油浸式变压器的养护维修标准

油浸式变压器的养护维修标准如表3-25所示。

表3-25 油浸式变压器的养护维修标准

序号	标准内容	
1	变压器油	定期检测变压器油油质、油位，更换不符合标准的变压器油
2	零部件	定期检查放油阀和密封垫是否完好，修复或更换损坏的零部件
3	引出线	检查引出线接头是否紧固，更换损坏的零部件
4	接地	定期检查变压器接地装置是否完好，螺栓是否松动
5	呼吸器	更换变色的吸湿剂
6	防爆管	更换有缺损的防爆管薄膜

2. 干式变压器养护维修标准

干式变压器养护维修标准如表3-26所示。

表3-26 干式变压器养护维修标准

序号	标准内容	
1	通风散热系统	通风散热系统应保持清洁无灰尘
2	引出线	定期检查引出线接头是否紧固，螺栓是否松动，引线是否正常，绝缘是否良好

续表

序号	标准内容	
3	接地	定期检查变压器接地装置是否完好，螺栓是否松动
4	测保装置	定期对各种保护装置、测量装置及操作控制箱进行检修、维护
5	零部件	修复或更换损坏的零部件

3. 电动机的养护维修标准

电动机的养护维修标准如表 3-27 所示。

表 3-27　电动机的养护维修标准

序号	管理标准	
1	外壳	电动机的外壳应保持无尘、无污、无锈
2	零部件	接线盒应防潮，压线螺栓应紧固，损坏应更换
3	电机本体	轴承内的润滑脂应保持填满空腔内 1/3～1/2，油质合格；定子与转子间的间隙应保持均匀，轴承如有松动、磨损，应及时更换
4		绕组的绝缘电阻值应定期检测，电阻值<0.5 MΩ 时，应进行干燥处理，如绕组绝缘老化，应视老化程度采用浸绝缘漆、干燥或更换绕组

4. 操作设备的养护维修标准

操作设备的养护维修标准如表 3-28 所示。

表 3-28　操作设备的养护维修标准

序号	标准内容	
1	接线	检查接线是否牢固，标识是否明显，发现问题及时修理
2	柜体	动力柜、照明柜、启闭机操作箱、检修电源箱等应定期清洁，保持箱内整洁，设在露天的操作箱、电源箱应防雨、防潮；所有电气设备金属外壳均有明接地，并定期检测接地电阻值，如接地电阻>4 Ω，应增设补充接地极
3	开关	各种开关、继电保护装置应保持干净、触点良好、接头牢固，如发现接触不良，应及时维修，如老化、动作失灵，应予更换；热继电器整定值应符合规定
4	测保装置	主令控制器及限位开关装置应经常检查、保养和校核，确保限位准确可靠，触点无烧毛现象；上下限位装置应分别与闸门最高、最低位置一致；上、下扉闸门的联动装置应确保可靠，动作灵活
5		熔断器的熔丝规格必须根据被保护设备的容量确定，熔丝熔断后应检查原因，查看线路、设备是否正常，不得改用大规格熔丝，不得使用其他金属丝代替
6		各类仪表(电流表、电压表、功率表等)每年应按规定检验，保证指示正确灵敏，如发现失灵，应及时检修或更换

5. 启闭机控制系统的养护维修标准

启闭机控制系统的养护维修标准如表 3-29 所示。

表 3-29 启闭机控制系统的养护维修标准

序号	标准内容	
1	接地母线	修复、更新锈蚀或损坏的接地母线
2	开度及荷重装置	修复、更新出现故障或损坏的闸门开度及荷重装置
3	接触器	更换不符合要求的接触器
4	闭锁装置	检查电气闭锁装置动作是否灵敏、可靠，能否自动切断主回路电源，及时修复故障缺陷或更换零部件

6. 柴油发电机组养护维修标准

柴油发电机组养护维修标准如表 3-30 所示。

表 3-30 柴油发电机组养护维修标准

序号	标准内容	
1	柴油机	检查柴油机各部油位是否正常，油质是否合格，不满足要求的，应补油或换油
2	发电机	及时修复有卡阻的发电机转子、风扇与机罩间隙
3		擦拭干净集电环换向器，及时调整电刷压力
4	控制屏	检查机旁控制屏元件和仪表安装是否紧固，更换损坏的熔断器
5		更换动作不灵活、接触不良的机旁控制屏的各种开关
6	绝缘	检查绝缘电阻是否符合要求，更换不符合要求的部件
7	防冻	做好柴油发电机组冬季保暖和防冻措施

7. 蓄电池养护维修标准

蓄电池养护维修标准如表 3-31 所示。

表 3-31 蓄电池养护维修标准

序号	标准内容	
1	外观	蓄电池应完整，无破损、漏液、变形，极板无硫化、弯曲、短路等现象
2	接线	检查连接部位是否牢固，端子表面是否清洁，接触是否良好
3	排气孔	检查排气孔有无堵塞，冬季应防止被冰水封住，使用时应防止电池内压增高，发生壳体爆裂事故
4	电解液	蓄电池在使用期间的电解液密度、液面高度和温度应正常
5	充放电	检查蓄电池是否保持荷电饱满状态，应定期补充电

8. 输电线路的养护维修标准

输电线路的养护维修标准如表 3-32 所示。

表 3-32 输电线路的养护维修标准

序号	标准内容	
1	保护	各种电气设备应防止发生漏电、短路、断路、虚连等现象，线路故障应及时检测、维修；绝缘不符合规定要求老化的低压供(配)电线路应及时更换
2	接头	线路接头应连接良好，并注意防止铜铝接头锈蚀
3	架空线	架空线路与树木之间的净空距离应符合规定要求，经常巡视架空线路，清除线路障碍物
4	绝缘	定期测量导线绝缘电阻值，对一次回路、二次回路及导线间的绝缘电阻值都不应 $<0.5\ \mathrm{M\Omega}$
5	电缆沟、电缆架	应及时修复损坏的电缆沟及电缆架

9. 防雷接地设施的养护维修标准

防雷接地设施的养护维修标准如表 3-33 所示。

表 3-33 防雷接地设施的养护维修标准

序号	标准内容	
1	接地要求	接地电阻 $>10\ \Omega$ 时，应补充或完善接地极
2		及时修补局部破损的防雷接地器支架的防腐涂层
3		避雷针(线、带)及地下线的腐蚀量大于截面的 30%时，应更换
4		导电部件的焊接点或螺栓接头如脱焊、松动应予补焊或旋紧
5	校验、检测等	电器设备的防雷设施应按供电部门的有关规定进行定期校验
6		防雷设施的构架上，严禁架设低压线、广播线及通信线
7		建筑物防雷设施每年应在雷雨季前委托有资质的单位进行检测
8		避雷器不满足要求的应及时更换

(七) 通信及监控设施养护维修标准

通信及监控设施养护维修主要包括通信设施养护维修、监控系统硬件设施的养护维修、监控系统软件的养护维修。

1. 通信设施养护维修标准

通信设施养护维修标准如表 3-34 所示。

表 3-34 通信设施养护维修标准

序号	标准内容	
1	通信设备	及时修理、更新有故障或损坏(如雷击)的通信设备及设施
2	辅助设施	及时修复、更新有故障或损坏的电源等辅助设施
3	通信专用塔(架)	及时修复防腐涂层脱落、接地系统损坏的通信专用塔(架)

2. 监控系统硬件设施的养护维修标准

监控系统硬件设施的养护维修标准如表 3-35 所示。

表 3-35 监控系统硬件设施的养护维修标准

序号	标准内容	
1	设备本体	经常对传感器、可编程序控制器、指示仪表、保护设备、视频系统、计算机及网络等系统硬件进行检查维护和清洁除尘;及时修复故障,更换零部件
2		按规定时间对传感器、指示仪表、保护设备等进行率定和精度校验,对不符合要求的设备进行检修、校正或更换
3		定期对保护设备进行灵敏度检查、调整,对云台、雨刮器等转动部分加注润滑油
4	防雷	更换损坏的防雷系统的部件或设备

3. 监控系统软件维护标准

监控系统软件维护标准如表 3-36 所示。

表 3-36 监控系统软件维护标准

序号	标准内容	
1	操作权限	应制定计算机控制操作规程并严格执行,明确管理权限
2	安全管理	加强对计算机和网络的安全管理,配备必要的防火墙,监控设施应采用专用网络
3	备份	经常对系统软件和数据库进行备份,对技术文档妥善保管
4		有管理权限的人员对软件进行修改或设置时,修改或设置前后的软件应分别进行备份,并做好修改记录
5	记录	对运行中出现的问题详细记录,并通知开发人员解决和维护
6		及时统计并上报有关报表

(八)管理设施养护维修标准

管理设施养护维修标准如表 3-37 所示。

表 3-37 管理设施养护维修标准

序号	标准内容	
1	坝前淤积和下游冲刷	应定期监测坝前泥沙淤积和泄洪设施下游冲淤情况;淤积影响枢纽正常运行时,应进行冲沙或清淤;冲刷严重时应进行防护
2	大坝上附属设备	大坝上设置的钢木附属设备,如灯柱、线管、栏杆、标点盖等,应定期涂刷油漆,防锈防腐;照明系统故障应及时修复
3	大坝两端	应保证大坝两端的山坡和地面截水设施正常工作,防止水流冲刷坝顶、坝坡或坝脚,应及时清理岸坝接合部山坡的滑坡堆积物,并及时处理滑坡部位
4	房屋	控制室、启闭机房等房屋建筑地面、墙面应完好、整洁、美观,通风良好,无渗漏
5	道路	管理区道路和对外交通道路应经常养护,保持通畅、整洁、完好

续表

序号	标准内容	
6	办公、生活设施等	经常清理办公设施、生产设施、消防设施、生活及辅助设施等，办公区、生活区及工程管理范围内应整洁、卫生，绿化经常养护
7	标志标牌	对界桩、界牌、安全警示牌、宣传牌等工程标志标牌进行检查维护或补充，确保完好、醒目、美观
8	观测设施	沉陷点、测压管、断面桩等观测设施完好，能够正常观测使用
9	照明	及时修复故障照明系统，工程主要部位的警示灯、照明灯、装饰灯应保持完好，主要道路两侧或过河、过闸的输电线路、通信线路及其他信号线，应排放整齐、穿管固定或埋入地下

六、白蚁及其他动物危害防治标准

白蚁及其他动物危害防治管理包括标准白蚁防治与检查、蚁害控制验收、其他动物危害防治等。

白蚁及其他动物危害防治管理标准示例如表3-38所示。

表3-38 白蚁及其他动物危害防治管理标准

序号	管理标准	
1	检查	检查范围： (1) 蚁患区：坝体及其护坝地，坝两端向外50 m范围； (2) 蚁源区：大中型水库蚁患区向外延伸500 m，小型水库蚁患区向外延伸300 m，若检查范围之外毗邻处有山体和树林的，应扩大检查至1 000 m范围
2	检查	检查方法及要求： (1) 查找法：在堤坝坡上及其蚁源区内查找泥被线、分群孔和真菌指示物等查找； (2) 引诱法：按50 m^2一根(堆、坑)呈梅花形布置引诱坑(堆、桩)，7～15天后进行检查； ①引诱坑：在背水坡挖长、宽各30 cm、深5～10 cm的坑，将引诱材料置放在坑内； ②引诱堆：铲除草皮，将引诱材料直接堆放在土层表面，盖上草皮或石块； ③引诱桩：用白蚁喜食的长50 cm、直径5 cm带皮干木桩插入坝坡内30 cm (3) 探测法：应用先进技术、设备探测蚁巢
3	预防	每年堤坝拆蚁分群季节在堤坝上及其蚁源区寻找分群孔，把长翅繁殖蚁消灭在分群之前；把堤坝坡上刚脱翅的繁殖蚁消灭在挖洞营巢之前
4	预防	在堤坝白蚁分群季节里，除特殊情况外，堤坝禁止开灯
5	预防	保护和利用白蚁的天敌
6	预防	整治堤坝环境，禁止在堤坝上堆放木材和柴草，及时清除堤坝上和周边地区白蚁喜食的食物

续表

序号	管理标准	
7	灭治	诱杀法:将灭蚁饵剂投放在蚁患区和蚁源区内,引诱白蚁采食
8		烟熏法:找到主蚁道后,将烟剂装入烟熏器,安放并点燃引火线,将烟熏器对准蚁道口压紧,使烟雾充满巢腔;烟熏后,填充巢腔、蚁道
9		挖巢法:沿分群孔、白蚁在地表活动痕迹或采取开沟截道等确定蚁道,追挖主巢;捕捉蚁王、蚁后,挖取菌圃后,回填夯实;汛期或高水位时,不宜采用挖巢法;追挖须穿越坝身时,应报水行政主管部门批准
10		灌浆法:从口径 2 cm 以上的蚁道或巢区范围内按梅花状孔距 1.0～1.5 m 钻孔,采用低压、充填式灌浆
11	隐患处理	汛后应根据炭棒菌位置开挖主巢,清除巢内杂物,并用灰土回填夯实;已出现漏水散浸时,应采取灌浆处理
12		蚁道漏水时,应在漏水洞口填粗砂和细石,再上压块石或石子袋,并用管或塑料薄膜将水引入坝脚排水沟,汛后开挖并回填夯实
13	控制标准	蚁患区无成年巢,每 10 000 m^2 内幼龄巢白蚁活动迹象不超过 3 处,坝体无幼龄巢;蚁源区无成年巢,大中型水库每 300～500 m,小型水库 100～300 m 范围内白蚁活动迹象不超过 10 处
14	其他动物危害防治	可设置笼、铁夹、竹弓、陷阱等进行人工捕捉、驱赶
15		对狐、獾等较大的害坝动物,可采用人工开挖洞穴追捕
16		采取开挖回填或灌浆堵塞等方法对留在坝体内的洞穴进行处理

七、安全生产标准

管理单位应组织职工认真学习、贯彻执行《中华人民共和国水法》《中华人民共和国防洪法》《中华人民共和国安全生产法》《江苏省水利工程管理条例》《江苏省河道管理条例》《江苏省水库管理条例》等有关法律、法规,开展安全生产标准化单位建设,做好安全生产管理工作。

安全生产包括安全管理、注册登记、安全鉴定、应急管理等。

(一) 安全管理标准

安全管理标准如表 3-39 所示。

表 3-39 安全管理标准

序号	标准内容	
1	目标职责	明确安全生产管理机构,配备专(兼)职安全生产管理人员,建立、健全安全管理网络和安全生产责任制
2		逐级签订安全生产责任书,并制定目标保证措施
3		按有关规定保证具备安全生产条件所必需的资金投入,并严格资金管理

续表

序号	标准内容	
4	制度化管理	建立、健全安全生产规章制度和安全操作规程，改善安全生产条件，建立健全安全台账
5		及时识别、获取适用的安全生产法律法规和其他要求，归口管理部门每年发布一次适用的清单，建立文本数据库
6	教育培训	每年识别安全教育培训需求，编制培训计划，按计划进行培训，对培训效果进行评价
7		加强新员工、特种作业人员、相关方及外来人员教育培训工作
8	现场管理	作业时成立安全管理小组，配备专（兼）职安全员，与相关方签订安全生产协议，开展专项安全知识培训和安全技术交底，检查落实安全措施，规范各类作业行为
9	安全风险管控及隐患排查治理	定期开展危险源辨识和风险等级评价，设置安全风险公告牌、危险源告知牌，管控安全风险，消除事故隐患
10		对重大危险源进行登记建档，并按规定进行备案，同时对重大危险源采取技术措施和组织措施进行监控
11	事故查处	发生事故后管理单位应采取有效措施，组织抢救，防止事故扩大，并按有关规定及时向上级主管部门汇报，配合做好事故的调查及处理工作
12		零事故报告定期通过信息平台上报
13	持续改进	根据有关规定和要求，开展安全生产标准化建设，同时根据绩效评定报告，进行持续改进

（二）注册登记标准

注册登记标准如表 3-40 所示。

表 3-40　注册登记标准

序号	管理标准	
1	登记要求	应按照水利部《水库大坝注册登记办法》进行注册登记
2		已建成运行的水库管理单位应到指定的注册登记机构申报登记；没有专管机构的水库，承担管理责任的单位即为水库管理单位；已建成的水库，6 个月内不申报登记的，属违章运行，造成大坝事故的，按有关规定处理
3	登记发证	管理单位应携带水库主要技术经济指标资料和申请书，向水库主管单位或指定的注册登记机构申报登记；注册受理机构认可后，应印发登记表，由水库管理单位填写，经水库主管单位审查后上报
4	变更	已注册登记的水库完成扩建、改建的，或经批准升、降级的、或水库隶属关系发生变化的，应在此后 3 个月内，向登记机构办理变更登记 水库工程安全鉴定后，应在 3 个月内，将安全鉴定材料报原登记机构，安全类别发生变化的，应向原登记受理机构申请换证
5	降等或报废	水库降等或报废评估报告的编制应符合《水库降等与报废评估导则》（SL/T 791—2019）要求
6	注销	经批准降等为塘坝或报废的水库，验收后应向注册登记机构申报注销

（三）安全鉴定标准

安全鉴定标准如表 3-41 所示。

表 3-41　安全鉴定工作标准

序号	管理标准	
1	鉴定要求	应按《江苏省水库大坝安全鉴定实施细则》执行
2	鉴定频次	首次安全鉴定应在竣工验收后 5 年内进行，坝高 15 米以下的小(2)型水库可在新建、改(扩)建、除险加固工程完成并蓄水验收或投入使用起 10 年内进行；正常运行的水库，大中型水库每 6 年、小型水库每 8 年内应进行一次大坝安全鉴定；运行中水库遭遇特大洪水、强烈地震等破坏性自然灾害，或者发生重大工程事故以及其他危及大坝安全的事件后 3 个月内，经特别检查和专家论证后需安全鉴定的应进行专门的大坝安全鉴定
3	鉴定内容	鉴定组织单位应根据工程规模委托符合《水库大坝安全鉴定办法》(水管〔2003〕271 号)规定资质的大坝安全评价单位(鉴定承担单位)对大坝安全状况进行分析评价，并提出现场安全检查报告、大坝安全评价报告和大坝安全鉴定报告书
4	后续处理	经安全鉴定为二类坝：管理单位应编制维修方案，报上级主管部门批准，必要时进行大修 经安全鉴定为三类坝：管理单位应及时组织编制除险加固计划，报上级主管部门批准 鉴定组织单位应将大坝安全鉴定结果上报、存档，并根据大坝安全鉴定结果，采取相应措施，加强水库安全管理

（四）应急管理标准

应急管理标准如表 3-42 所示。

表 3-42　应急管理标准

序号	管理标准	
1	预案编制(修订)与报批	应依据《水库大坝安全管理应急预案编制导则》(SL/Z 720—2015)，在《水库防洪应急预案》的基础上，组织编制(修订)《水库大坝安全管理应急预案》，报县级人民政府批准后执行；设区市直管的水库，报设区市人民政府批准后执行；《事故处置应急预案》报上级主管部门批准后执行； 预案应根据情况变化及时修订和报批
2	编制(修订)要求	大坝安全管理应急预案内容齐全，措施得当，可操作性强
3	工作要求	应根据预案要求，完善相关设施，落实各项措施，应定期对预案进行宣传、培训和演练工作
4	突发事件处理	发生突发事件后，应根据预案要求迅速采取有效措施，组织抢救，并及时上报
5	评估	评估应急准备和应急处置，并结合实际情况修订完善预案

八、制度管理标准

水库管理单位应结合工程实际，及时修订技术管理细则、调度规程、运行管理制度和操作规程。制度管理主要包括水库技术管理细则、调度规程、管理制度、操作规程的制订完善与执行等方面。

制度管理标准示例如表 3-43 所示。

表 3-43　制度管理标准

序号	标准内容	
1	技术管理细则	管理单位应结合工程的规划设计和具体情况，编制水库技术管理细则，并报上级主管部门批准后执行；工程实际情况和管理要求发生改变要及时进行修订，报上级主管部门批准
2		管理细则应有针对性、可操作性，能全面指导工程技术管理工作，主要内容包括：总则、工程概况、调度运用、工程检查与设备评级、工程监测、养护维修、安全管理、技术档案管理、其他工作等
3	调度规程	调度规程（调度运用方案）由水库主管单位或管理单位组织编制并报有管辖权的水行政主管部门审批；当调度运用条件或依据发生变化而影响水库调度时，应进行专题论证，及时修订调度规程（调度运用方案）并重新报批
4		调度规程主要内容应包括：调度条件及依据、防洪调度、兴利调度、综合利用调度、水库调度管理等
5	管理制度与操作规程	管理制度、操作规程条文应规定工作的内容、程序、方法，要有针对性和可操作性
6		管理制度、操作规程应经过批准，并印发执行
7	执行与评估	管理细则、调度规程、管理制度与操作规程应汇编成册，组织培训学习
8		管理单位应开展规章制度执行情况监督检查，并将规章制度执行情况与单位、个人评先评优和绩效考核挂钩
9		管理单位应每年对规章制度执行效果进行评估、总结

九、教育培训工作标准

管理单位应明确教育培训的归口管理部门、对象与内容、学时、组织与管理、记录与档案等要求。教育培训工作主要包括制订培训计划、新职工入职培训、安全生产教育培训、特种作业人员培训等。

教育培训管理标准示例如表 3-44 所示。

表 3-44 教育培训工作标准

序号	标准内容	
1	业务培训	管理单位应制订年度教育培训计划，开展在岗人员专业技术和业务技能的学习与培训，运行管理岗位人员培训每年不少于1次，应完成规定的学时，职工年培训率应达到50%以上
2		管理细则、调度规程、规章制度、应急预案、超标准洪水预案、"四个责任人"履职等应按计划组织培训
3		闸门运行关键岗位和特种作业人员应按照有关规定进行培训并持证上岗
4	岗前培训	首次上岗的运行管理人员应实行岗前教育培训，具备与岗位工作相适应的专业知识和业务技能
5	安全培训	单位主要负责人安全生产管理人员初次安全培训时间不得少于32学时，每年再培训时间不得少于12学时，一般在岗作业人员每年安全生产教育和培训时间不得少于12学时，新员工的三级安全培训教育时间不得少于24学时
6	评价总结	管理单位应每年对教育培训效果进行评估和总结，建立教育培训台账

十、档案管理标准

（一）技术档案管理标准

管理单位应建立档案资料管理制度，由熟悉工程管理、掌握档案管理知识并经培训取得上岗资格的专职或兼职人员管理档案，档案设施保持齐全、清洁、完好。

技术档案管理标准如表3-45所示。

表 3-45 技术档案管理标准

序号	标准内容	
1	范围及周期	技术档案包括以文字、图表等纸质文件及音像、电子文档等磁介质、光介质等形式存在的各类资料
2		管理单位应及时收集技术资料，对于控制运用频繁的工程，运行资料整理与整编宜每季度进行1次；对于运用较少的工程，运行资料整理与整编宜每年进行1次
3	建档立卡	各类工程和设备均应建档立卡，文字、图表等资料应规范齐全、分类清楚、存放有序、及时归档
4	保管借阅	严格执行保管、借阅制度，做到收借有手续，按时归还
5		档案管理人员工作变动时，应按规定办理交接手续
6	档案室管理	库房温度、湿度应控制在规定范围内
7		档案管理制度、档案分类方案应上墙；档案库房照明应选用白炽灯或白炽灯型节能灯
8	电子化管理	积极推行档案管理电子化

（二）技术图表管理标准

技术图表管理标准主要依据《科学技术档案案卷构成的一般要求》（GB/T 11822—2008）、《江苏省档案管理条例》（2003）、《水闸工程管理规程》（DB 32/T 3259—2017）和《水闸泵站标志标牌规范》（DB 32/T 3839—2020）的有关规定制定。

技术图表管理标准如表 3-46 所示。

表 3-46 技术图表管理标准

序号	标准内容	
1	范围及内容	技术图表主要包括工程概况、水库集水面积图、划界确权图、管理与保护范围图、水库枢纽平面布置图、水位-库容关系图、水位-面积关系图、大坝平面立面剖面图、泄洪闸（道）平面立面剖面图、涵洞平面立面剖面图、监测设施布置图、流量曲线图（表）、电气主接线图、启闭机控制原理图、设备检修揭示图、巡视检查路线图等
2	工程概况	工程概况应包含工程地理位置、流域概况、水文、气象、建设时间、集水面积、总库容、水库等级、设计标准、校核标准、水库枢纽建筑物个数和主要参数、工程等别、工程效益等主要技术指标
3	三视图	水库三视图主要包括水库枢纽布置平面图、建筑物平面布置图、立面布置图、剖面图，三视图中应标明土石坝及枢纽建筑物结构的主要尺寸和重点部位高程，并尽量分色绘制
4	设备揭示图	主要设备揭示图包括启闭机、闸门、变压器、高低压开关设备等；揭示图中应注明主要设备的出厂时间、安装时间、等级评定时间、大修周期、小修周期和设备保养责任人等信息
5	电气主接线图	电气主接线图包括高压电气主接线和低压电气主接线，主接线图中设备名称与编号应与现场一致，主接线中各电压等级的线路应按规范进行分色绘制
6	张贴位置	技术图表张挂大坝两端、启闭机房，变压器室，高低压开关室，控制室等合适位置，图表中的内容应准确，图表格式应相对统一，表面应整洁美观；固定牢靠，定期检查维护

十一、管理与保护标准

1. 管理单位按《江苏省水库管理条例》第十三条有关规定禁止在水库管理范围内危害工程安全的活动发生。

2. 管理与保护标准主要包括水库管理与保护规划编制、水法规宣传、划界确权、管理范围巡查、水质管理、涉水项目监管、违法处理等。

管理与保护标准示例如表 3-47 所示。

表 3-47 管理与保护标准

序号	标准内容	
1	规划编制	明确规划水平年，在充分调查分析水库现状的基础上，明确水库管理保护总体要求，划定水库管理范围线，大坝管理与保护范围线，科学进行水库空间管控；确定水库功能与保护目标、主要功能区划分，提出保护对策和措施；提出水库水域与水资源保护、生态保护、文化景观保护要求与意见；提出水库开发利用管理意见以及管理组织体系与管理能力建设方案，为加强水库管理与保护提供规划依据
2	规划报批	大中型水库管理和保护规划经省水利厅审查同意后，报所在地设区市人民政府批准；小型水库管理和保护规划经设区市水行政主管部门审查同意后，根据水库分级管理权限报本级人民政府批准
3	水法规宣传	管理单位应结合“世界水周”“世界水日”等，加强水法宣传，同时在执法巡查中要加强水法规宣传，做到巡查和宣传相结合
4	划界确权	应以有关法律法规、规范性文件、技术标准和工程立项审批文件为依据，结合水库的运行条件、枢纽布置和库区其他环境因素，划定水库管理范围和大坝管理与保护范围，确定管理范围内土地使用权属，设立界桩
5		设置管理范围和保护范围公告牌等
6	管理范围巡查	应制定年度水政巡查方案，包括巡查范围、重点、内容、周期、路线以及责任人和相关责任等
7		采用日常巡查与不定期抽查相结合、重点巡查与一般巡查相结合的方式，可根据各类水事行为的特点增加巡查次数，重点地区可开展联合执法巡查
8		执法巡查一般不得少于 2 人；巡查人员对水事活动实施检查，应主动出示执法证件，严格按照法定权限和程序办事
9		执法巡查应当做到文明用语，文明执法；严禁参加可能影响巡查办案的宴请和收受礼品，严禁酒后巡查执法
10		应加强水库管理范围和大坝管理与保护范围内的巡查，发现违法违章行为，应依法制止，并书面报告主管单位和上级水行政主管部门
11		执法巡查应建立台账；巡查人员应及时填写巡查记录，载明巡查人员、路线、内容、方式、发现的问题及处理情况
12		按要求及时统计上报水行政执法巡查月报表
13		对水政管理设施定期进行检查与维护，范围桩(牌)、安全警示牌等检查维护记录齐全
14	水质管理	配合相关部门及时掌握水库水质情况和水库管理范围内的污染源状况
15	涉水项目监管	审核建设项目实施方案对河道工程设施造成的不利影响
16		现场开展放线报验、复核，督促建设单位签署承诺书并落实补偿措施，参与项目验收并做好资料收集
17		监督指导项目防汛、度汛工作
18	违法处理	发现侵占、破坏或损坏水利工程的行为，立即采取有效措施予以制止，及时报告并配合调查
19		纠正违法行为，应当坚持处罚与教育相结合，教育公民、法人或者其他组织自觉守法

十二、标志标牌设置标准

标志标牌主要包括水库技术图表、导视类、公告类、名称编号类、安全类等，其颜色、规格、材质、内容及安装等应符合(参照)《水闸泵站工程标志标牌规范》规定，同时结合工程结构及设备的实际情况布置明示。

水库主要技术图表及标志标牌明示位置如表 3-48 所示。

表 3-48　水库技术图表明示位置

场所图表名称	大坝	桥头堡	启闭机房	控制室	高低压开关室	发电机房	检修间
工程概况	√	√					
工程平、立、剖面图	√	√					
主要参数表	√	√	√				
设备揭示图表			√		√	√	√
电气主接线图					√		
启闭机控制原理图			√				
水位-开高-流量关系曲线(表)			√	√			
闸下安全始流曲线			√	√			
巡视线路图		√	√	√	√	√	
危险源风险告知牌	√	√	√	√	√	√	√

(一) 导视类标志标牌

导视类标志标牌包括工程路网导视标牌、水库枢纽总平面布置图标牌、工程区域内建筑物导视标牌、建筑物内楼层导视标牌。

导视类标志标牌设置标准如表 3-49 所示。

表 3-49　导视类标志标牌设置标准

序号	标准内容	
1	设置要求	导视类标志标牌应保证信息的连续性和内容的一致性
2	布置顺序	导视标牌有多个不同方向的目的地时，宜按照向前、向左和向右的顺序布置
3		同一方向有多个目的地时，宜按照由近及远的空间位置从上至下集中排列
4		导视标牌应标注每层布置的功能间名称，标牌内容从上向下应按照高楼层向低楼层的顺序布置
5	重点区域	宜配套设置巡视路线地贴标牌，重点部位宜设置重点部位运行巡视点标牌，明确关键部位的巡视点，提醒运行工作人员加强巡视

（二）公告类标志标牌

公告标志标牌包括水库“四个责任人”[政府(防汛行政)责任人、主管单位责任人、技术责任人、管理单位(巡查)责任人]公告牌、工程简介标牌、工程设计标牌、工程管理标牌、参观须知标牌、管理范围和保护范围公告牌、水法规告示标牌、工程建设永久性责任标牌、管理制度标牌、关键岗位责任制标牌、操作规程标牌、巡视内容标牌等。

公告类标志标牌设置标准如表 3-50 所示。

表 3-50 公告类标志标牌设置标准

序号	标准内容	
1	设置要求	公告类标志标牌一般为单面设置，必要时可设置双面标牌
2		对于穿坝建筑物，部分标牌可与大坝合并设置
3	设置部位	公告类标志标牌一般设置在土石坝枢纽建筑物入口、门厅入口、参观起点等醒目位置
4		水法规告知标牌一般设置在土石坝的坝坡、泄洪闸(道)上下游的左右岸、入口、公路桥以及拦鱼栅处；水法规告示标牌数量可根据实际需要确定，一般不宜少于 4 块
5		控制运用类管理制度标牌宜设置在控制室、值班室；工程检查、监测、养护维修管理制度及关键岗位责任制标牌宜设置在办公室、值班室；操作规程标准宜设置在操作现场；巡视内容标牌等宜设置在巡视现场

（三）名称编号类标志标牌

名称编号类标志标牌包括管理单位名称标牌、建筑物名称标牌、房间名称标牌、管理界桩标牌、管理区域分界碑标牌、工程监测设施名称标牌、里程桩、百米桩、设备名称标牌、按钮、指示灯、旋转开关标牌、管道名称流向标牌、管路闸阀标牌、液位指示线标牌、起重机额定起重量标牌等。

名称编号类标志标牌设置标准如表 3-51 所示。

表 3-51 名称编号类标志标牌设置标准

序号	标准内容	
1	名称要求	有厂家标志标牌的优先使用厂家自带的标志标牌，没有的应后期制作
2		管理单位名称一般使用中文，也可同时使用英文
3	建筑物	每个建(构)筑物宜设置建筑物名称标牌，一般设置于建(构)筑物顶部、建(构)筑物侧面或建(构)筑物主出入口处
4	机电设备	设备名称标牌应配置在设备本体或附近醒目位置，宜设置于柜眉，应面向操作人员
5	开关指示	指示灯、按钮和旋转开关旁宜设置文字标志标牌，提示操作功能和运行状态等。一般设置在相关按钮、指示灯、旋转开关下部适当位置
6	闸阀	管路闸阀名称标牌宜悬挂于相应闸阀的操作手柄处；旋转方向标牌宜固定在闸阀上

续表

序号	标准内容	
7	同类设备	同类设备按顺序编号，编号标志标牌内容包括设备名称及阿拉伯数字编号
8		编号标牌颜色组合宜为白底红字、白底蓝字、红底白字、蓝底白字等，可参照设备底色选定；同类设备编号标牌尺寸应一致，设置在容易辨识、固定且相对平整的位置
9	旋转设备	旋转机械有旋转方向标牌，旋转方向标牌内容为功能箭头；电机旋转方向标志宜设置在电机的外罩上

（四）安全类标志标牌

安全类标志标牌一般包括禁止标志标牌、警告标志标牌、指令标志标牌、提示标志标牌、安全警戒线、消防标志标牌、电力标志标牌、交通标志标牌、职业健康告知牌、危险源点警示牌等。

安全类标志标牌设置标准如表 3-52 所示。

表 3-52　安全类标志标牌设置标准

序号	标准内容	
1	设置要求	多个安全标志标牌在一起设置时，应按禁止、警告、指令、提示类型的顺序，先左后右、先上后下的排列
2		土石坝的坝顶、坝端、库区等处应设置安全类标志标牌；涵闸的上下游的左右岸、入口、公路桥以及拦污栅处设置安全类标志标牌，总量不少于 4 块，可根据现场实际需要适当增加标牌数量；大坝较长的，每隔 200～300 m 或转弯处，应设置安全类标志标牌
3	警戒线	电气设备、变配电站、机械设备、消防设备、行车停放位置下方等危险场所或危险部位周围应设置安全警戒线和防护设施；电气设备、变配电站、机械设备所在区域、楼梯第一级台阶上用黄色警戒线，消防箱、消防柜及灭火器的安全隔离区用红白警戒线
4		危险部位用黄黑警戒线，安全警戒线的宽度宜为 50～150 mm
5	标牌管理	现有的安全类标志标牌缺失、数量不足、设置不符合要求的，应及时补充、完善或替换

第四章　管理制度

制度是共同遵守的办事规程或行动准则，是技术发挥其作用的保证，制度建设注重严肃性、严密性、系统性。水库工程精细化管理需要建立健全刚性的制度体系，一般包括技术管理细则、主调度规程、规章制度和操作规程等，内容和深度应满足工程管理需要，可操作性强。各类制度既有分工、互不冲突又相互联系、协调配合，共同发挥作用，做到系统、管用、可行，切实保证各项工作规范有方、管理有章、执行有据。同时，要加强制度学习与执行，对制度执行的效果应进行评估、总结，当工程状况或管理要求发生变化应及时修订完善。

第一节　管理细则

技术管理细则是制度和职责的具体文本，水库管理单位应结合实际情况对技术管理规程、办法做详细的解释和补充。技术管理细则应结合工程实际情况，针对性、可操作性强，能全面指导和规范工程技术管理工作，主要内容包括：总则、工程概况、调度运用、工程检查与设备评级、安全监测、养护维修、安全管理、技术档案管理、其他工作等。

一、总则主要明确细则制定的依据、工程管理的任务与职责、应遵守的水利工程管理考核与维修养护等方面的相关规定、应建立的各项管理制度和规程等。

二、工程概况一般包括工程简介、工程建设与加固改造情况、工程作用、工程管理和保护范围、水位特征值、历史情况等内容。

三、调度运用包括一般要求、调度运用、闸门操作运用、洪水调度考评等。

1. 一般要求主要规定调度指令下达的部门及执行纪律、指令执行与上报、闸门操作运行记录留存相关要求等。

2. 调度运用主要规定根据调度规程(调度运用方案)，调度运行管理应满足的要求以及调度运用基本程序等。

3. 闸门操作运用主要规定闸门启闭前的准备、人员配备、操作要求、台账记录等管理要求，对本工程闸门操作的重要环节、注意事项要重点说明。

4. 洪水调度考评主要规定洪水调度总结、自评工作开展和上报。

四、工程检查与设备评级包括一般要求、日常检查、定期检查、特别检查、设备评级等内容。

1. 一般要求主要规定检查的分类以及检查的内容、时间、记录等。

2. 日常检查主要规定日常检查的分类，大坝巡查与经常检查的频次、内容，日常检查应符合的要求等。

3. 定期检查主要规定汛前、汛后检查内容的侧重点、检查的要求、存在问题的处理及应急措施等。

4. 特别检查主要规定检查的依据、检查方式、检查侧重点、对发现问题的处理、修复方案和计划编报等。

5. 设备评级主要规定设备评级的周期、评级的方法、评级成果的审核认定及存在问题的处置等。

五、安全监测包括一般要求、监测项目、监测要求、监测资料整编与成果分析等内容。

1. 一般要求主要明确本工程监测的主要任务、监测人员要求、监测工作执行的标准等。

2. 监测项目一般包括垂直和水平位移、防渗体变形、界面及接(裂)缝变形、渗流量、渗流压力、绕坝渗流、上下游水位、降水量、气温、库水温等。

3. 监测要求主要明确监测设施布置、监测方法、监测时间、监测频次、测量精度、监测记录等应满足的要求。

4. 监测资料整编与成果分析主要明确监测资料整编的时间、监测分析报告编制与审查、监测记录及成果原件的归档要求等。

六、养护维修包括一般要求，养护维修项目管理和坝体及坝区、坝下埋涵(管)，监测设施，闸门及启闭设备，电气设备，通信及监控设施，管理设施等内容。

1. 一般要求主要规定本工程的养护维修内容、养护维修分类、养护维修要求等。

2. 养护维修项目管理主要规定工程养护维修计划的编制上报、经批准后组织实施与过程管理、项目资金与资料管理、完工验收等全过程管理要求。

3. 坝体及坝区养护维修主要规定坝顶、坝坡、坝区、坝体裂缝、坝体滑坡、大坝渗漏等的养护维修要求。

4. 坝下埋涵(管)养护维修主要规定坝下埋涵(管)养护维修要求。

5. 闸门养护维修主要规定闸门门叶、行走支承装置、吊耳、吊杆及锁定装置、闸门止水装置、闸门埋件、防腐蚀的养护维修要求。

6. 启闭机养护维修主要规定启闭机养护维修要求、相应型号启闭机养护维修要求等。

7. 电气设备养护维修主要规定干式变压器、电动机、操作设备、启闭机控制系统、柴油发电机组、蓄电池、输电线路、防雷接地设施养护维修要求。

8. 通信及监控设施养护维修主要规定通信设施、监控系统硬件设施、监控系统软件养护维修要求。

9. 管理设施养护维修主要规定控制室，启闭机房，道路，办公设施，生产设施，消防设施，生活及辅助设施，工程标牌(包括界桩、界牌、安全警示牌、宣传牌等)，工程主要部位的警示灯、照明灯、装饰灯等养护维修要求。

10. 安全监测设施的养护维修主要规定垂直(水平)位移监测设施、断面桩、测压管(渗压计)、伸缩缝、量水堰等监测硬件设施和软件系统养护维修要求。

七、安全管理包括安全责任制、注册登记、安全鉴定、降等与报废、应急管理、安全生产等内容。

1. 安全责任制主要规定水库大坝安全责任制、防汛责任制、水库"四个责任人"及其履职要求等。

2. 注册登记主要规定水库变更登记和注销要求等。

3. 安全鉴定主要规定鉴定周期、内容、程序、存在问题处理等要求。

4. 降等与报废主要规定降等与报废条件、程序、组织实施、验收要求等。

5. 应急管理主要规定应急预案的编制、修订和审批程序、宣传培训与演练、突发事件的应对措施等。

6. 安全生产主要规定安全生产管理机构建立及人员配备、安全生产责任制落实、安全生产教育培训开展、特种作业人员持证上岗、危险源辨识和隐患排查治理、操作与修试安全管理、安全设施管理等要求。

八、技术档案管理包括一般要求、档案收集、档案整理归档、档案验收移交、档案保管等内容。

1. 一般要求主要规定技术档案管理制度、人员配备、设施管理等要求。

2. 档案收集主要规定工程技术文件分类、档案收集的要求、收集的内容等。

3. 档案整理归档主要规定工程技术文件整理应达到的要求、工程技术文件组卷、案卷编目、案卷装订要求、档案目录及检索的要求等。

4. 档案验收移交主要规定档案验收、档案移交的要求。

5. 档案保管主要规定档案室要求、档案保管要求。

九、其他工作。

其他工作主要包含白蚁及其他动物危害防治、物资管理、工程管理考核、精细化管理、信息化管理、科学技术研究与职工教育、管理范围监管等。

十、相关附表附图。

第二节　调度规程

水库调度规程是为实现水库所承担的各项任务，保证水库防洪安全，充分发挥水库的综合效益而编制的水库调度运用的依据性文件。水库调度规程应包括总则、调度条件与依据、防洪调度、供水调度、应急调度、水库调度管理、补库方案、附则等。

1. 总则应包括编制目的和依据、适用范围、水库概况、水库设计功能、水库调度目标和任务、水库调度原则、水库调度责任部门及职责权限、其他说明。

2. 调度条件与依据应包括水库安全运用条件、水库特征指标及调度参数、水文气象情报与预报。

3. 防洪调度应包括防洪调度任务、防洪调度原则、防洪调度时段、防洪调度方案。

4. 供水调度应包括供水调度任务、供水调度原则、供水调度方案。

5. 应急调度应包括工程险情调度、超标准洪水调度、水污染应急调度。

6. 水库调度管理应包括调度计划的编制要求、水库调度工作制度、水库调度信息沟通机制、年度调度总结、调度资料整理与归档。

7. 补库方案应包括补水条件、补水方法、补水水源等。

8. 附则应包括附表、附图。

第三节　规章制度

水库管理相关规章制度主要包括调度运用、工程检查、安全监测、养护维修、白蚁防治、设备管理、安全生产管理、档案管理、水政管理、教育培训、岗位责任制等方面。

一、编制基本原则

1. 管理单位应根据国家的法律法规、行业规范的要求，结合本工程实际，制定本单位的各项规章制度。

2. 管理单位应建立完整的制度体系，包括日常管理的各个方面，确保相关事项有章可循，同时注意制度之间的配套衔接。

3. 规章制度的制定包括制度起草、会签、审核、签发和发布等流程。

4. 规章制度的条文应规定该项工作的内容、程序、方法，紧密结合工程实际，具有较强的针对性和可操作性。

5. 制度的执行应提供相应佐证材料，并及时整理归档。

6. 当管理条件发生变化时，应及时修订完善。

二、调度运用制度

调度运用类制度适用于调度管理、运行操作、值班管理，一般包括调度管理制度、操作票制度、计算机监控系统管理制度、运行值班制度、交接班制度等。

（一）调度管理制度

1. 目的及适用范围：水库的调度运用。

2. 主要内容：

（1）制定目的、适用范围、调度权限、调度流程、防洪调度起调水位、兴利调度控制水位及相关的纪律要求。

（2）管理单位接到指令后，预警、检查、指令执行的规定。

（3）调度指令记录、回复。

（4）水闸超标准控制运用。

（5）洪水调度考评、防洪调度总结。

（6）兴利调度计划修正、兴利调度总结。

（二）操作票制度

运行操作制度主要包括操作票制度。

1. 目的及适用范围：水库涵闸操作票的使用。

2. 主要内容：

(1) 操作票使用的范围。
(2) 操作票的签发。
(3) 操作票的执行、监护。
(4) 操作人的操作、防护,监护人的唱票、监督的规定。
(5) 操作人、监护人签字,监护人向发令人汇报的要求。

(三) 计算机监控系统管理制度

1. 目的及适用范围:水库涵闸计算机监控系统的使用。
2. 主要内容:
(1) 开关机的操作规定。
(2) 计算机参数设置、软件的安装。
(3) 计算机使用的纪律。
(4) 系统网络安全隔离的规定。
(5) UPS、计算机测控系统、各传感器的维护。
(6) 机房环境卫生。

(四) 运行值班制度

1. 目的及适用范围:水库的运行值班。
2. 主要内容:
(1) 值班人员执行调度指令的规定。
(2) 值班人员的着装、上下班纪律。
(3) 设备巡查、相关规章制度的执行,运行记录的填写要求等。
(4) 异常情况的处理。
(5) 工作现场及值班室清洁。

(五) 交接班制度

1. 目的及适用范围:水库值班人员的交接班。
2. 主要内容:
(1) 交接班时间、纪律要求。
(2) 交接班双方的职责,特别是设备异常运行的交接要求。
(3) 处理事故或进行重要操作时如何交接班。
(4) 交接班手续的办理。

三、工程检查制度

1. 目的及适用范围:水库的工程检查。
2. 主要内容:
(1) 工程检查的分类。
(2) 日常检查周期、检查路线、检查的重点部位、检查内容、检查记录等。

(3) 定期检查的内容、要求,报告的编写与上报。

(4) 特别检查的时间、内容、要求,报告的编写与上报。

可以按工程检查的分类分别编制相应的管理制度。

四、安全监测制度

1. 目的及适用范围:水库的安全监测。

2. 主要内容:

(1) 监测项目(由上级批准的观测任务书确定)。

(2) 监测设施的布置、监测方法、监测时间、监测次数、测量精度、监测记录、资料整编与运用等方面的规定。

(3) 监测工作的基本要求。

(4) 监测成果审核、分析、整理和报送。

(5) 异常情况的处理。

(6) 监测成果资料整编、归档、成果报送等。

(7) 监测成果应用。

可以按安全监测的分类分别编制相应的管理制度(如:工程观测制度、大坝安全监测制度等)。

五、养护维修制度

1. 目的及适用范围:管理范围内水库的土石坝及其枢纽建筑物和附属设施养护维修。

2. 主要内容:

(1) 土石坝及其枢纽建筑物和附属设施养护主要养护项目。

(2) 土石坝及其枢纽建筑物和附属设施主要维修项目。

(3) 维修项目的申报、方案编制要求。

(4) 养护(维修)项目采购与合同管理。

(5) 养护(维修)项目施工质量标准。

(6) 养护(维修)项目过程安全管理。

(7) 养护(维修)项目进度管理。

(8) 养护(维修)项目资金管理。

(9) 维修项目结算及造价审计。

(10) 维修项目阶段验收、合同完工验收及竣工验收。

(11) 养护(维修)项目管理卡填写要求。

(12) 养护维修项目绩效评定相关规定。

可以按分项内容分别编制相应的管理制度。

六、设备管理制度

1. 目的及适用范围:水库涵闸的设备管理。

2. 主要内容：

(1) 根据设备说明书编制操作规程，明确运行人员学习、演练和操作要求。

(2) 设备建档挂卡、编号、旋转方向指示的规定。

(3) 设备缺陷登记内容、程度、类别及消除措施，存在问题，时间等记录要求。

(4) 设备日常管理频次及要求。

(5) 设备保养、校验的规定。

(6) 根据缺陷的严重程度，进行分类、汇报及处理的规定。

七、白蚁及其他动物危害防治制度

1. 目的及适用范围：水库的白蚁及其他动物危害防治。

2. 主要内容：

(1) 白蚁防治工作年度计划。

(2) 白蚁检查的范围、分类、时间、人员、检查方法。

(3) 白蚁治理的方案。

(4) 白蚁治理的记录。

(5) 其他动物危害防治的方案。

(6) 其他动物防治的记录。

(7) 白蚁及其他动物危害防治的年度总结和检查报告等。

(8) 蚁害控制验收及复查。

八、安全生产相关制度

(一) 主要制度

1. 目的及适用范围：水库的大坝和枢纽建筑物及设备设施、工作人员以及开展的各项工作。

2. 主要分项制度：

(1) 安全目标管理制度。

(2) 安全生产责任制。

(3) 安全生产投入管理制度。

(4) 安全教育培训管理制度。

(5) 法律法规标准规范管理制度。

(6) 重大危险源辨识与管理制度。

(7) 安全风险管理、隐患排查治理制度。

(8) 特种作业人员管理制度。

(9) 建设项目安全设施、职业病防护设施“三同时”管理制度。

(10) 作业活动管理制度。

(11) 危险物品管理制度。

(12) 消防安全管理制度。

(13) 用电安全管理制度。

(14) 安全保卫制度。

(15) 职业病危害防治制度。

(16) 劳动防护用品(具)管理制度。

(17) 应急管理制度。

(18) 事故管理制度。

(19) 相关方管理制度。

(20) 安全生产报告制度。

(二) 相关预案

1. 目的及适用范围:水库防洪应急预案、水库大坝安全管理应急预案、事故应急处置预案等。

2. 主要预案:

(1) 水库防洪应急预案编制应该符合《水库防洪应急预案编制导则》(2018)的要求,主要包括以下内容。

① 总则。包括编制目的、编制依据、工作原则、适用条件。

② 工程概况。包括水库流域概况、工程基本情况、水库上下游水利工程基本情况、水情水工监测及预报、调度、历次灾害情况及抢险措施、风险分析、工程及防洪安全中存在主要问题、附图附表。

③ 应急组织保障。包括应急指挥机构及分工,信息的传递与报告,决策的制定与执行,抢险队伍、抢险物资准备,通信保障,救灾防疫保障,宣传报告。

④ 主要应急措施。包括险情监测与巡视、水库应急调度方案、工程应急抢险措施、超标准洪水应急抢险措施、溃坝应急措施、预警应急通信措施、人员转移应急措施。

⑤ 成果与报批。提出"水库防洪应急预案",报上级部门审批。

(2) 水库大坝安全管理应急预案编制应符合《水库大坝安全管理应急预案编制导则》(SL/Z 720—2015)的要求,主要包括以下内容。

① 编制说明。预案编制(修订)目的和适用范围、编制(修订)单位和编制人员、编制(修订)依据、编制(修订)原则、突发事件分级、预案版本的受控和修订。

②突发事件及其后果分析。

③ 应急组织体系。包括突发事件应急组织体系框图、应急指挥机构、专家组、抢险与救援队伍等。

④ 预案运行机制。预测与预警、应急响应、应急处置、应急结束等。

⑤ 应急保障。应急抢险与救援物资保障,交通、通信及电力保障,经费保障,其他保障。

⑥ 宣传、培训与演练。

⑦ 附表附图。

⑧ 成果与报批。提出《××水库大坝安全管理应急预案》,报同级政府审批。

(3) 事故应急处置预案编制主要包括以下内容。

① 总则。包括编制目的、编制依据、适用范围、工作原则。

② 工程概况。

③ 应急组织与职责。包括组成、职责、人员分工。

④ 应急处置程序。包括工程设施及人身事故先期处置程序、现场应急处置程序。

⑤ 主要事故或故障处理措施。包括各种主要事故或故障处理措施、事件报告基本要求和内容。

⑥ 注意事项。

九、档案管理制度

1. 目的及适用范围：工程管理单位的档案工作。

2. 主要内容：

(1) 档案的分类相关规定。

(2) 各类档案的归档范围。

(3) 各类档案的保管期限。

(4) 档案的收集、移交责任分工和手续。

(5) 档案的整理、归档。

(6) 档案的保管、借阅。

(7) 档案的编研。

(8) 档案库房的巡查及安全保障。

(9) 档案设备设施管理维护。

(10) 档案的保密规定。

(11) 相关资料台账等。

可以按分项内容分别编制相应的管理制度。

十、管理与保护

1. 目的及适用范围：水库的管理与保护工作。

2. 主要内容：

(1) 水行政管理制度。

(2) 水政巡查的范围、人员组织。

(3) 巡查的频次、内容、记录等规定。

(4) 水法规宣传的范围、内容。

(5) 水法规学习培训、水政人员继续教育。

(6) 发现水事违法问题的处置流程。

(7) 水质管理。

(8) 涉河建设项目的许可前服务、许可后签订占用补偿协议、设立公示牌、施工方案审查、跟踪巡查、督促整改、参与验收等监督管理程序。

(9) 水政巡查装备的管理。

(10) 水政执法活动的安全保障。

(11) 巡查日记、月报表和年度统计报表等。

可以按分项内容分别编制相应的管理制度。

十一、教育培训制度

1. 目的及适用范围:管理单位教育培训工作。

2. 主要内容:

(1) 培训需求的识别。

(2) 培训计划的制订和审批。

(3) 培训计划的执行(包括培训时间、培训方式、培训部门等)。

(4) 培训效果的评价。

(5) 教育培训台账等。

十二、岗位责任制

1. 目的及适用范围:管理单位全体人员。

2. 主要内容:

(1) 单位负责岗位职责。

(2) 行政管理岗位职责。

(3) 技术管理岗位职责。

(4) 财务与资产管理岗位职责。

(5) 水政监察岗位职责。

(6) 运行岗位职责。

(7) 观测岗位职责。

第四节　操作规程

水库管理的操作规程主要是涵闸设备的操作规程,一般包括闸门启闭操作规程、配电设备操作规程、备用电源操作规程等。

一、编制基本原则

1. 操作规程应以工程设计和操作实践为依据,确保技术指标、技术要求、操作方法的科学合理,成为人人遵守的操作行为指南。

2. 操作规程应保证操作步骤的完整、细致、准确、量化,有利于设施设备的可靠安全运行,同时要注意各操作规程之间的衔接配合。

3. 操作规程应与优化运行、节能降耗、提高效率等相结合。

4. 操作规程应明确岗位操作人员的职责,做到分工明确、协同操作、配合密切。

5. 操作规程的制定包括规程起草、会签、审核、签发和发布等。

6. 操作规程应在实践中及时修订、补充和不断完善，在采用新技术、新工艺、新设备、新材料时必须及时以补充规定形式进行修改或进行全面修订。

二、闸门启闭操作规程

1. 目的及适用范围：本单位所管水闸工程的闸门启闭操作。

2. 主要内容：

(1) 启闭前的准备工作，设备操作对工作人员的要求。

(2) 启闭前检查的主要内容及要求。

(3) 闸门启闭顺序及启闭过程中的注意事项。

(4) 启闭后应核对的内容。

(5) 启闭记录等。

三、配电设备操作规程

1. 目的及适用范围：本单位所管水闸工程的配电设备操作。

2. 主要内容：

(1) 配电设备操作对工作人员的要求。

(2) 停送电操作步骤及应采取的安全保障措施。

(3) 需要带电作业时，应做好安全技术措施及监护要求。

(4) 启用柴油发电机组备用电源时的操作程序及要求。

(5) 电气操作记录。

四、备用电源操作规程

1. 目的及适用范围：本单位的柴油发电机组备用电源操作。

2. 主要内容：

(1) 启动发电机组前，检查的内容及其他准备工作。

(2) 机组启动的步骤及要求。

(3) 柴油机启动后，转速的调整及水温、油温的控制。

(4) 空载运行正常后，变阻器调整及电压和频率的控制。

(5) 送电的步骤和要求。

(6) 机组运行过程中的安全措施及注意事项。

(7) 停机的步骤及要求。

(8) 机组长期不用时，每月至少试运行一次。

第五章　管理流程

流程化管理是将任务或工作事项沿纵向细分为若干个前后相连的工序单元，将作业过程细化为工序流程，然后进行分析、简化、改进、整合、优化，要注重流程管理的连续性、协调性，达到相互衔接、环环相扣，保证工作有序高效的推进。流程主要采用线型描述，将工作任务细分为若干步骤，再用流动方向的线条将各个步骤按先后顺序连接起来。流程化管理可以先在局部开始，然后逐步推广，也可以先找出最重要的、关系全局的局部流程，来加以改善。对流程要进行分析、研究、改进，去除不必要的、可有可无的环节，简化流程。

水库管理要借鉴流程化管理方法，以流程规范固化管理行为，克服工作执行过程的随意性，实现工作从开始到结束的全过程闭环式管理。对规律性、程序性、重复性的工作编制流程图，形成完整的工作链，明确工作实施的路径、方法和要求。对调度运用、工程检查、安全监测、养护维修等典型工作编制作业指导书，以流程化管理为主线，明确工作的内容、方法、步骤、措施、标准和人员责任等，对工作开展进行全过程、全方位的指导，使工作过程更加可控、成效更有保证。

第一节　工作流程

水库工程工作流程编制主要包括调度运用、检查评级、安全监测、养护维修、安全生产、制度建设、档案管理、水政管理和度汛准备等方面工作。一般包括适用范围、工作职责、工作流程、注意事项和台账资料等。

一、调度运用流程

调度运用流程包括防洪调度流程、兴利调度流程、控制运用流程。

（一）防洪调度流程

1. 适用范围

适用于水库的防洪调度。

2. 工作职责

管理单位根据批准的调度规程（或调度运用方案）编制防洪调度运用计划并报批，汛期严格执行防洪调度方案，进行报汛及洪水预报，汛后进行洪水考评，年终形成防洪调度总结，并上报。

3. 工作流程

防洪调度参考流程如图 5-1 所示。

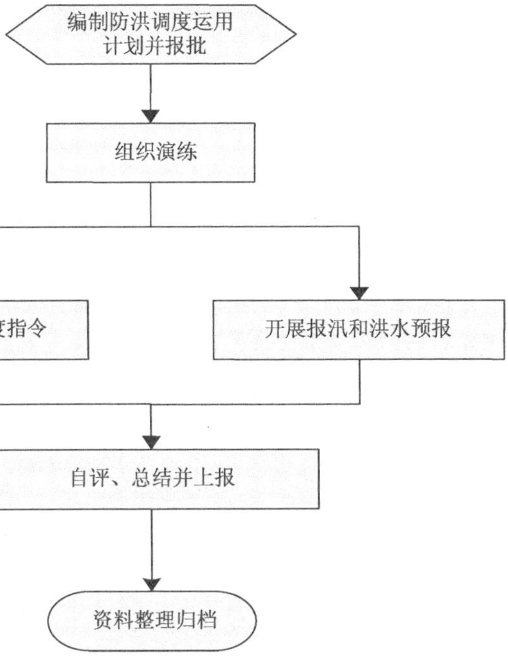

图 5-1　防洪调度参考流程图

4. 注意事项

(1) 水库主管单位应该根据批准的防洪调度运用计划组织开展演练。

(2) 水库主管单位应根据水情、雨情的变化，及时修正相关参数，完善洪水预报方案。

(3) 水库管理单位在汛期应实施 24 小时值班制，大中型水库现场值班人员不少于 2 人。

(4) 水库在汛期应严格执行汛限水位规定，不得擅自超汛限水位蓄水。

5. 台账资料

防洪调度运用计划、演练、值班记录、调度记录、洪水调度考评表、防洪调度总结等。

(二) 兴利调度流程

1. 适用范围

水库的兴利调度。

2. 工作职责

管理单位根据批准的调度规程(或调度运用方案)编制兴利调度运用计划并报批，严格执行兴利调度运用计划，并根据实际按季(或月、旬、周)进行修正，年终形成兴利调度总结，并上报。

3. 工作流程

兴利调度参考流程如图 5-2 所示。

4. 注意事项

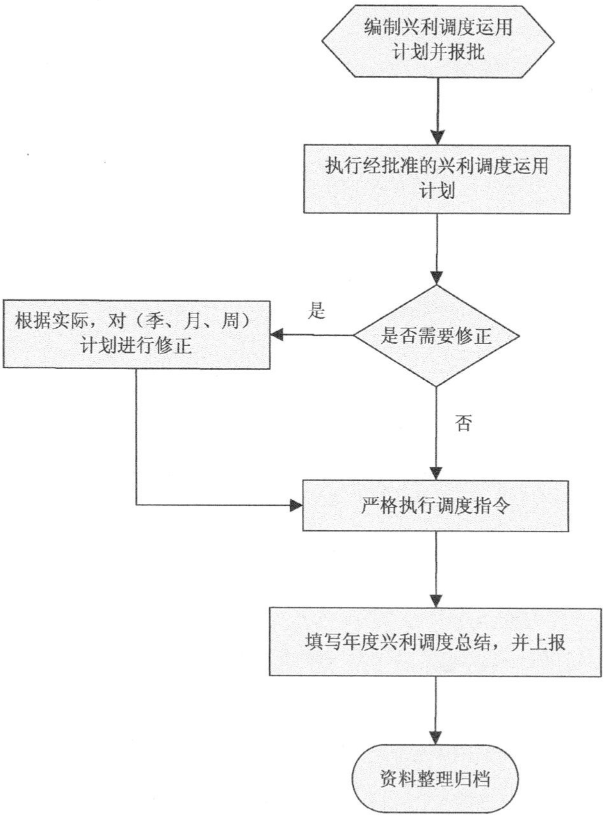

图 5-2 兴利调度参考流程图

（1）兴利调度主要满足城乡居民生活用水，兼顾工业、农业、生态等需求，最大限度地综合利用水资源。

（2）要遵循计划用水、节约用水的原则。

5. 台账资料

经批准的兴利调度运用计划、修正的兴利调度运用计划、调度记录、值班记录、年度兴利调度总结。

（三）控制运用流程

1. 适用范围

适用于水库的控制运用，包括防洪调度指令执行参考流程、兴利调度指令执行参考流程、运行值班管理工作参考流程。

2. 工作职责

由水库调度部门根据上级调度指令确定调度运行方案，传达给值班领导，值班领导在接到运行指令后，要及时组织执行，做好记录，并及时将执行情况向上级反馈。

3. 工作流程

流程一般包括指令下达、拟定调度方案、确定闸门启闭孔数和开高、闸门启闭操作、执行情况回复等。

（1）防洪调度指令执行工作参考流程如图 5-3 所示。

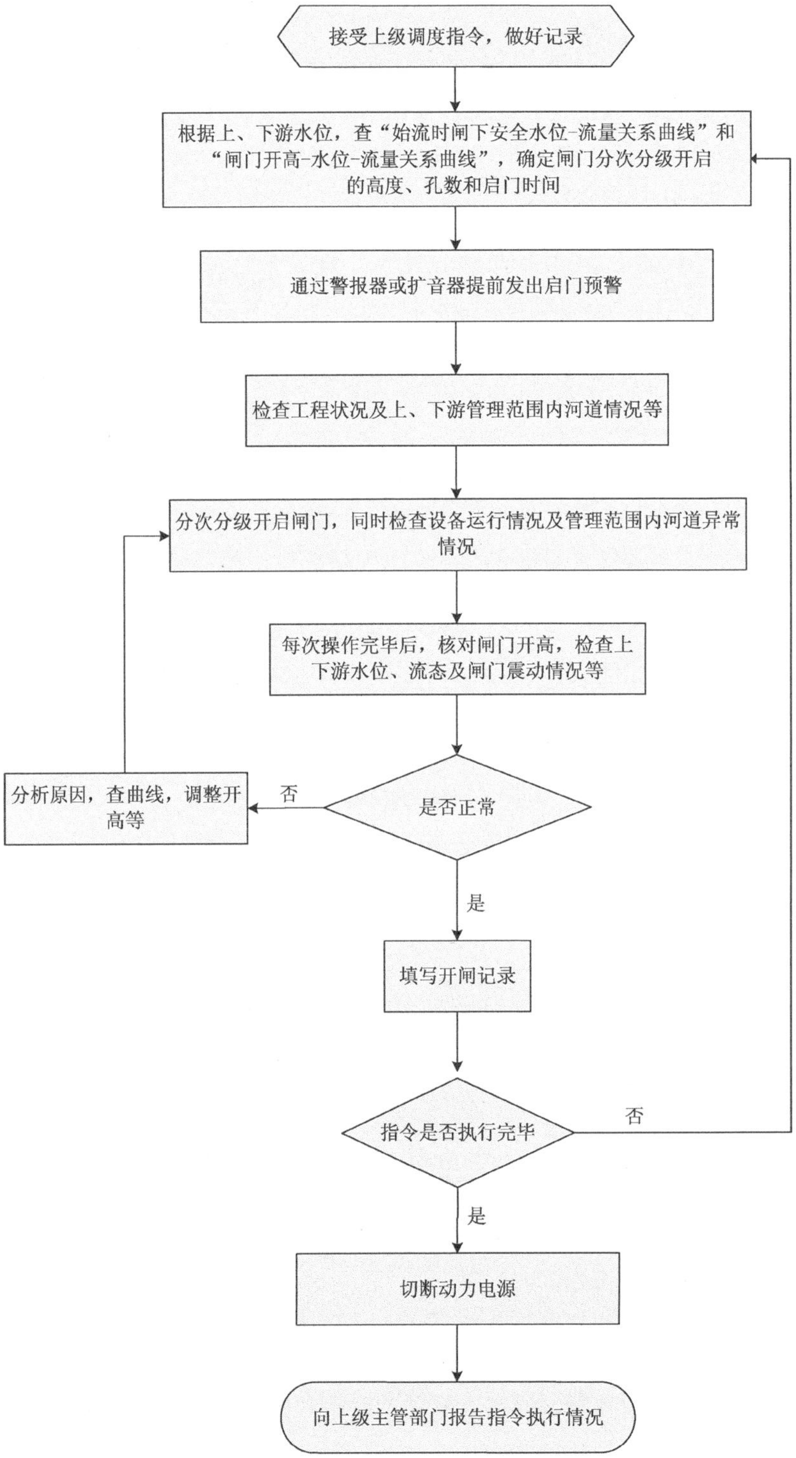

图 5-3　防洪调度指令执行参考流程图

(2) 输水涵洞调度指令执行参考流程如图 5-4 所示。

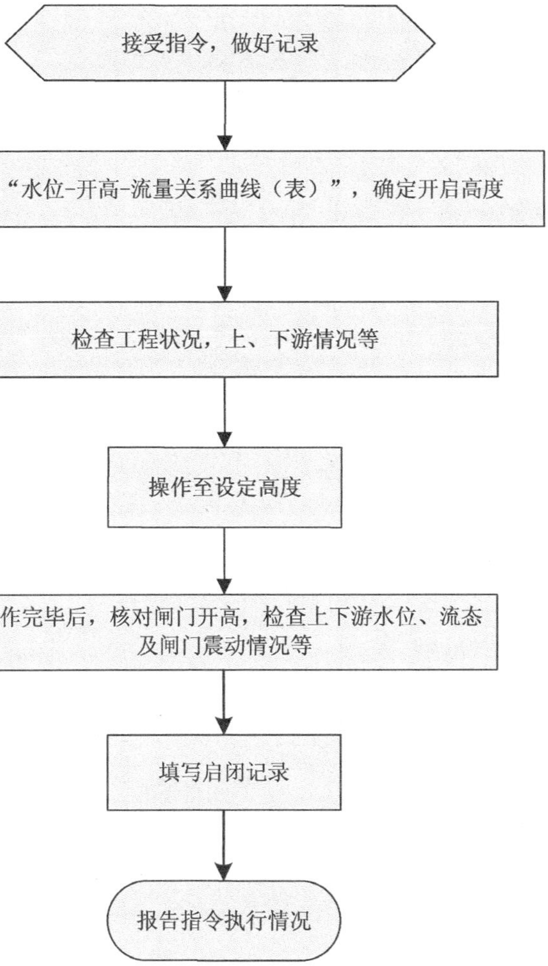

图 5-4　输水涵洞调度指令执行参考流程图

(3) 运行值班管理工作参考流程如图 5-5 所示。

4. 注意事项

(1) 控制运行只接受上级调度指令，不接受其他任何部门或个人的意见。

(2) 闸门操作、机电设备运行过程管理符合本涵闸相关操作规程和有关规定。

(3) 运行资料汇总并分析存在问题，提高运行管理水平。

5. 台账资料

闸门启闭记录、值班记录、调度指令执行记录等。部分表格参照附录 A。

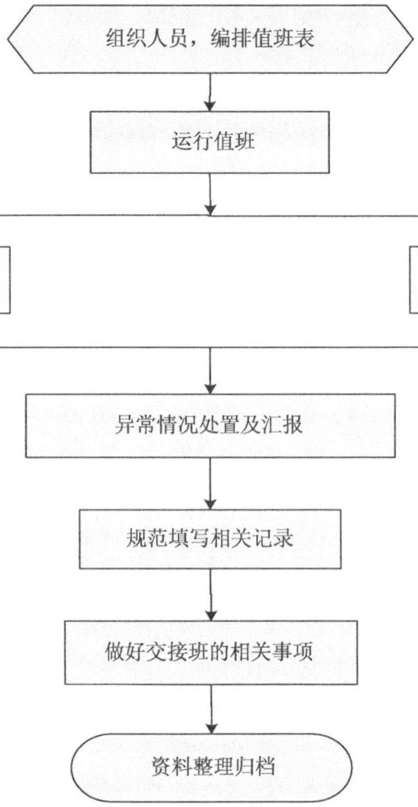

图 5-5　运行值班管理参考流程图

二、工程检查流程

（一）适用范围

适用于水库工程日常检查、定期检查、特别检查工作。

（二）工作职责

1. 管理单位根据水库技术管理办法和具体的工程技术管理细则，确定检查内容与频次。经常性检查一般汛期由值班人员负责，非汛期由技术人员专人负责。

2. 汛前、汛后定期检查及工程评级，管理单位要按照有关要求，成立专门工作小组，分解工作任务、明确工作要求、落实工作职责，并加强检查考核。

3. 特别检查应该根据所受灾害和事故的特点来确定，参照定期检查要求进行。

（三）工作流程

检查流程一般包括发布通知、制订内容及计划、实施检查及养护维修、工程评级、进行总结、形成报告、报上级主管部门、资料汇总归档等。

1. 日常检查参考流程如图 5-6 所示。

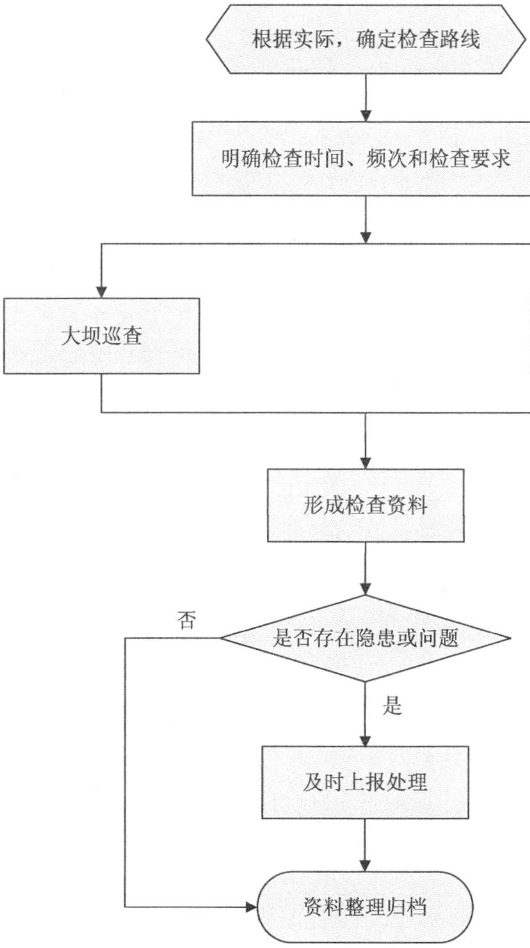

图 5-6 日常检查参考流程图

2. 汛前检查参考流程如图 5-7 所示。
3. 汛后检查参考流程如图 5-8 所示。
4. 特别检查参考流程如图 5-9 所示。

（四）注意事项

1. 各类检查应根据相应的侧重点进行认真检查，检查内容要全面，数据要准确。

2. 对检查发现的安全隐患或缺陷，应及时组织进行维修处理。

3. 对影响工程安全度汛而一时又无法在汛前解决的问题，应制定好应急抢险方案，并上报上级主管部门。

4. 对汛前、汛后检查工作要编制定期检查报告和工作总结。特别检查可参照定期检查填写特别检查表，编制检查报告。

5. 对上级检查组提出的整改意见和建议，管理单位要限期落实整改到位，并及时上报

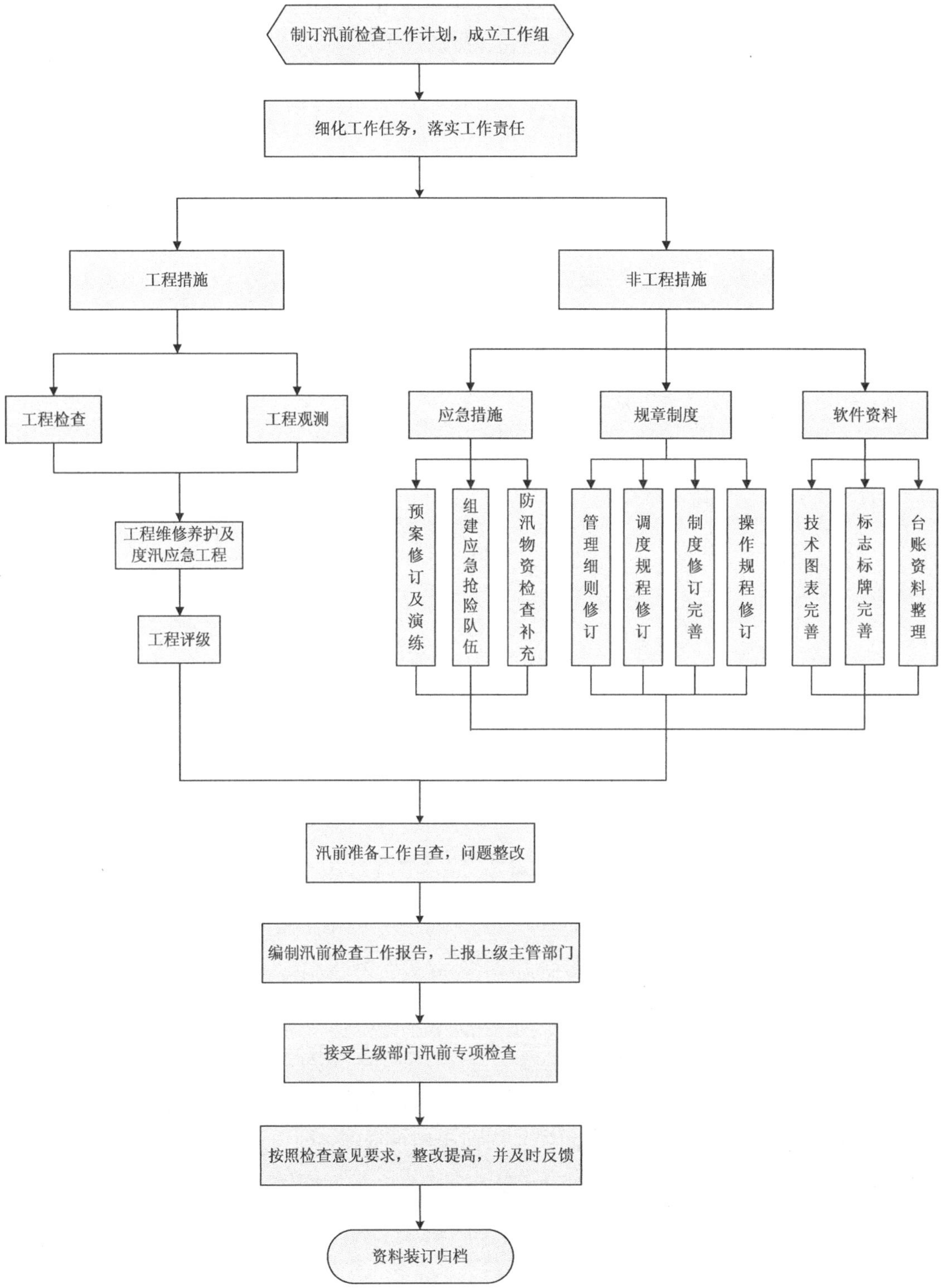

图 5-7　汛前检查参考流程图

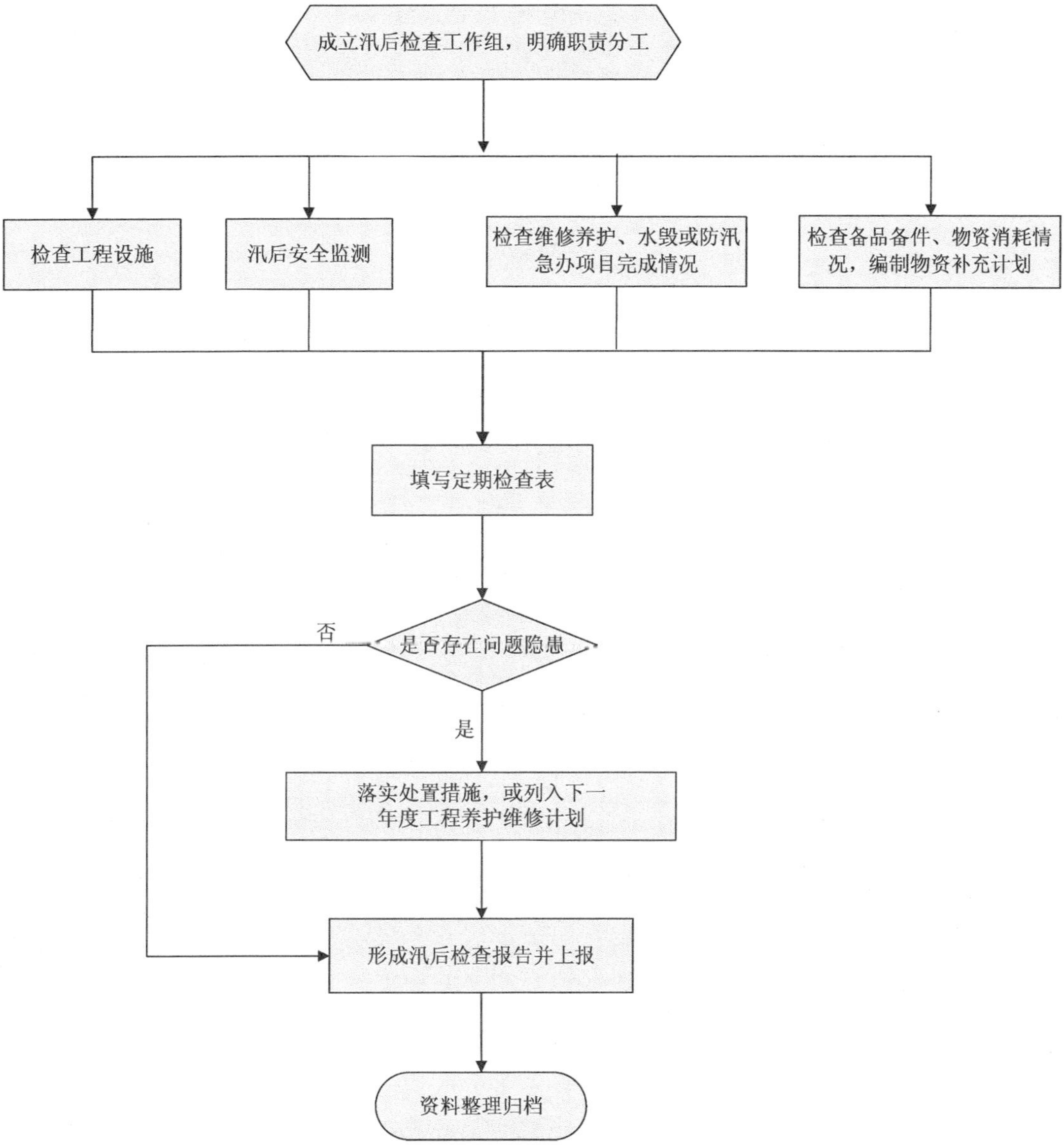

图 5-8　汛后检查参考流程图

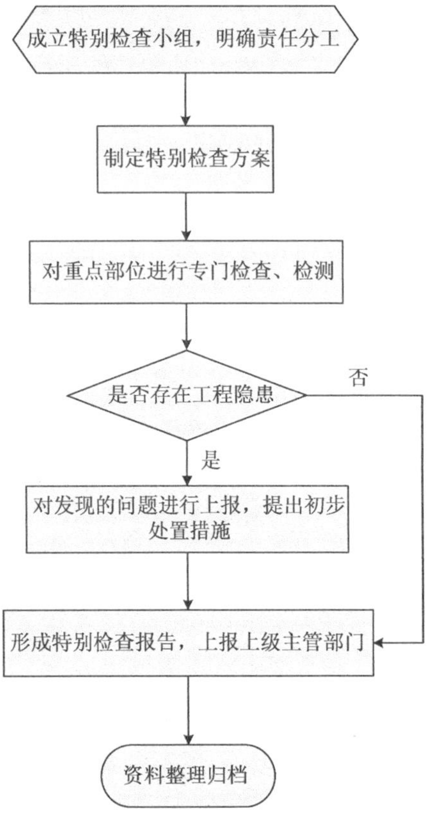

图 5-9　特别检查参考流程图

整改情况。

6. 定期检查和特别检查报告要报送上级主管部门。

7. 应分类建立各类检查台账资料,归档保存。

（五）台账资料

经常检查表、定期检查报告、特别检查报告等。部分表格参照附录 B。

三、设备评级流程

（一）适用范围

适用于水库涵闸工程设备评级工作。

（二）工作职责

1. 管理单位每 2 年要组织对机电设备进行评级。

2. 管理单位应成立评级工作小组,制定评级方案、明确评级范围和标准;评级完成后,进行总结。

（三）工作流程

设备评级流程一般包括成立工作小组、制定方案、管理单位评定，报上级主管部门认定、批复，对设备缺陷提出处置意见，工作总结，资料整理归档等。

设备评级参考流程如图 5-10 所示。

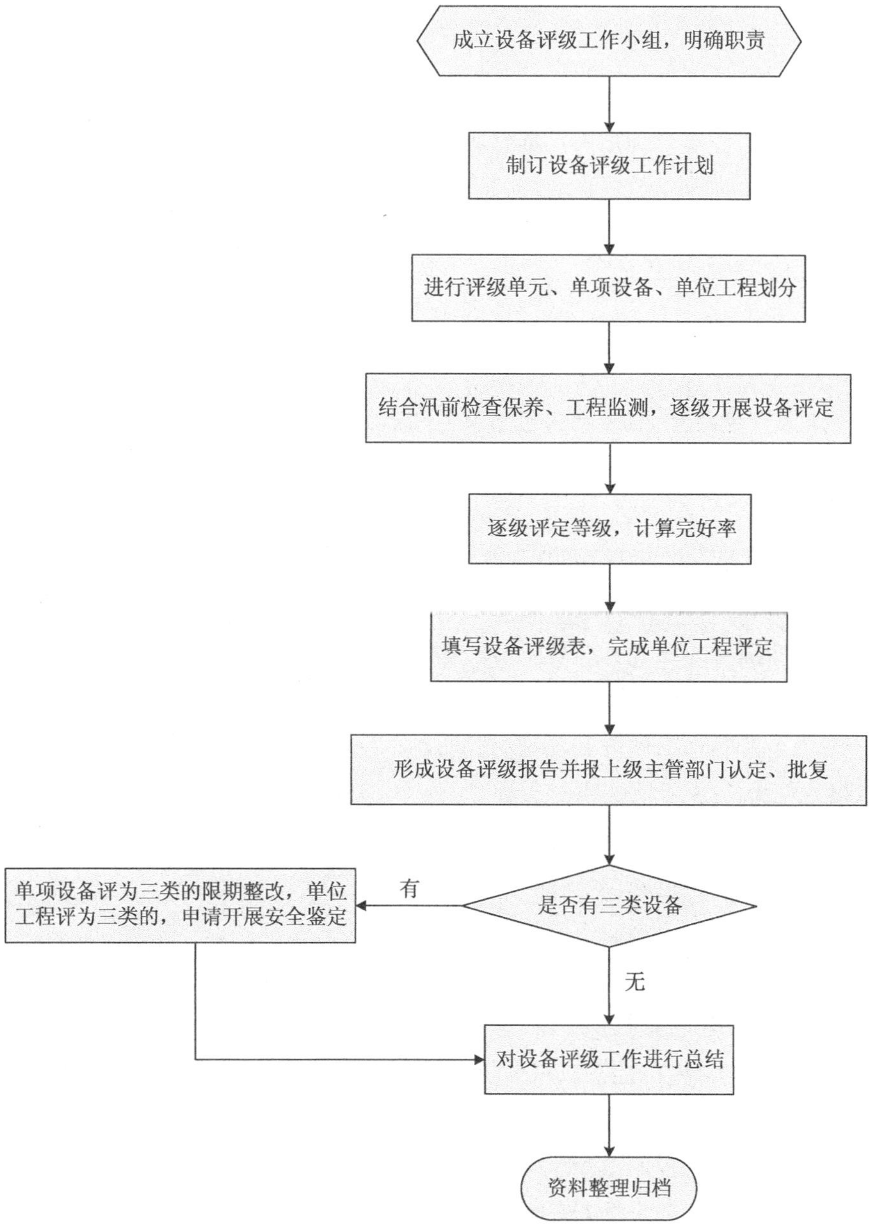

图 5-10　设备评级参考流程图

（四）注意事项

1. 设备大修时，应结合大修进行全面评级；非大修年份应结合设备运行状况和维护保养情况进行相应的评级。

2. 评级单元、单项设备、单位工程的划分应准确、合理。

3. 管理单位应编写设备评定报告，主要包括工程概况、评定范围、评定工作开展情况、评定结果、存在问题与措施、设备评级表。

（五）台账资料

设备评级表、设备评级总结等。部分表格参照附录 C。

四、安全监测流程

（一）适用范围

适用于水库安全监测、监测资料整编及监测数据的分析。

（二）工作职责

1. 管理单位要按照上级批复的“观测任务书”组织开展安全监测工作。

2. 管理单位要安排专人负责监测工作，定期对工程进行监测。较复杂的监测任务，应根据工作需要，配备技术负责人、技术人员及其他配合人员进行观测工作。必要时可委托有资质的专业单位承担观测工作。

3. 观测人员要熟悉工程情况，掌握观测技术，对观测设备定期检查，确保其性能良好，随时可以投入使用。

4. 对观测结果由观测人员进行计算、校核、分析、汇编，单位负责人或技术负责人组织进行初审后报上级主管部门。

（三）工作流程

安全监测流程一般包括提出“观测任务书”初步意见、“观测任务书”编制和批复、开展各类监测工作、资料计算整理、监测成果分析、成果上报主管部门、资料整编、资料审查、资料装订归档等。

1. 安全监测参考流程如图 5-11 所示。

2. 垂直位移监测参考流程如图 5-12 所示。

3. 水平位移监测参考流程如图 5-13 所示。

4. 电测水位计法测压管水位监测参考流程如图 5-14 所示。

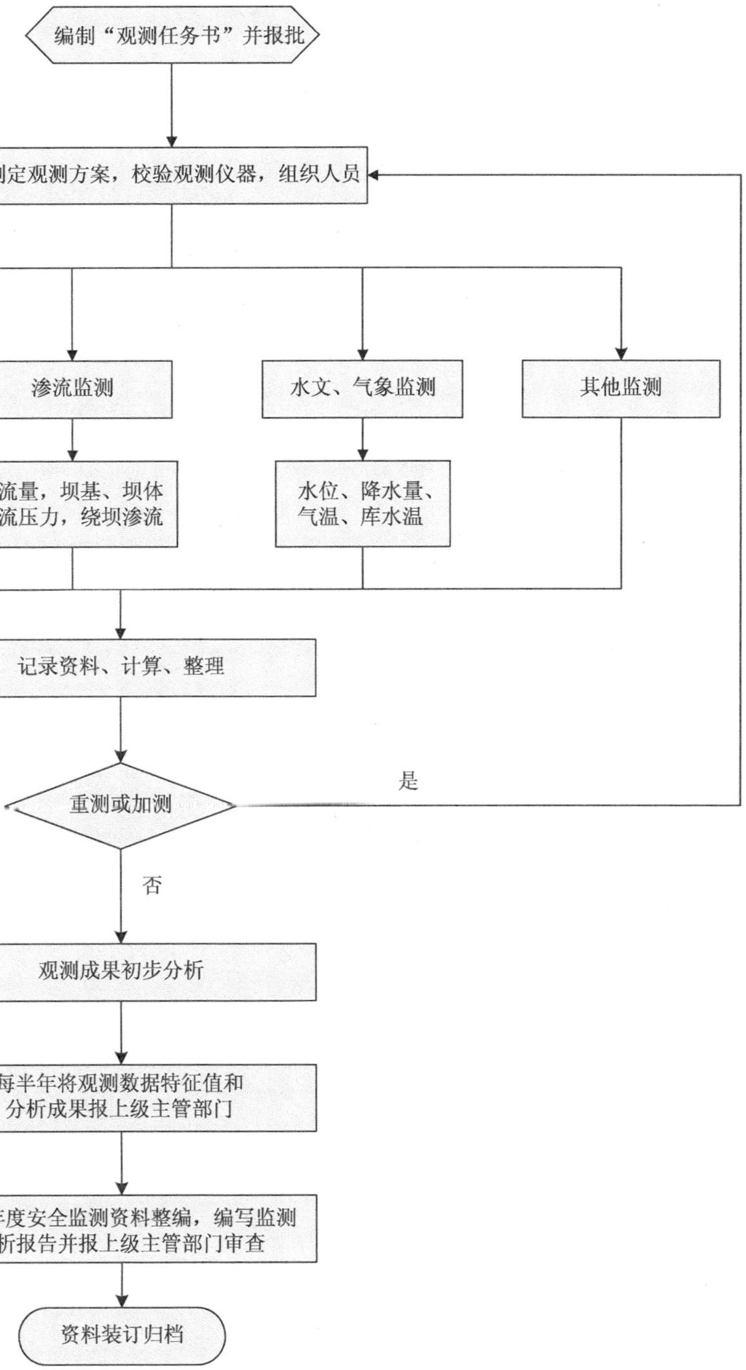

图 5-11　安全监测参考流程图

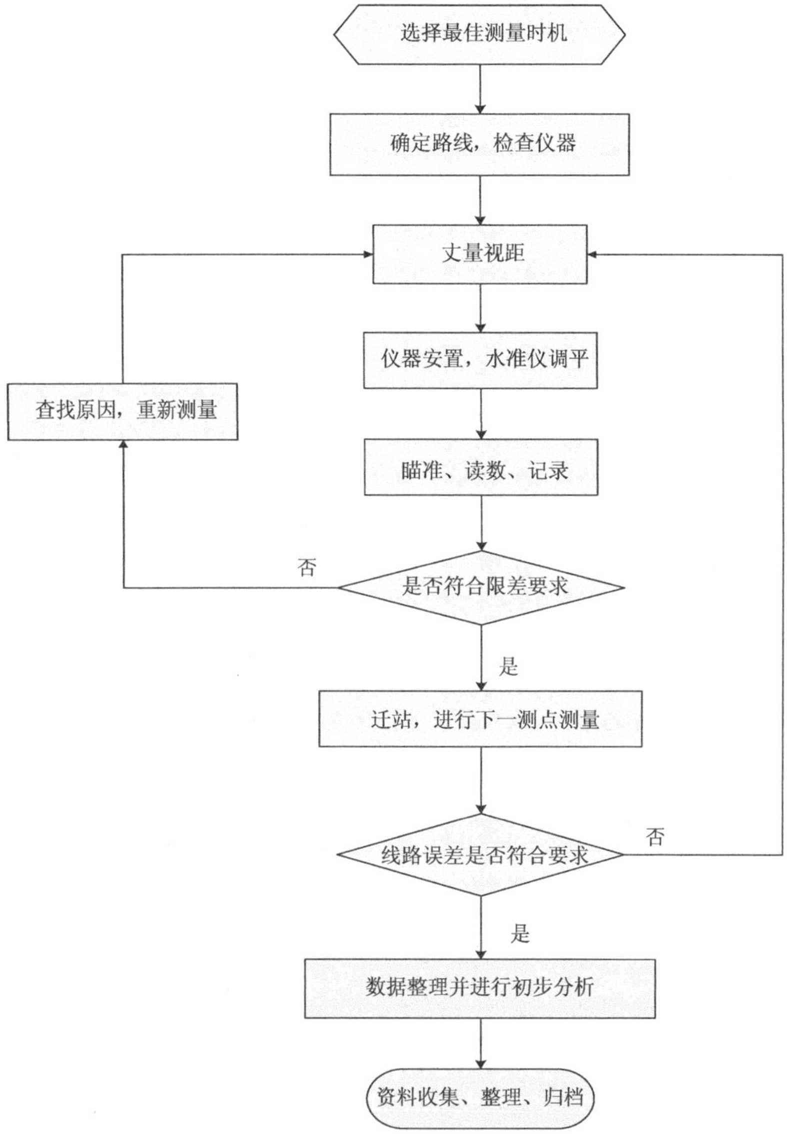

图 5-12　垂直位移监测参考流程图

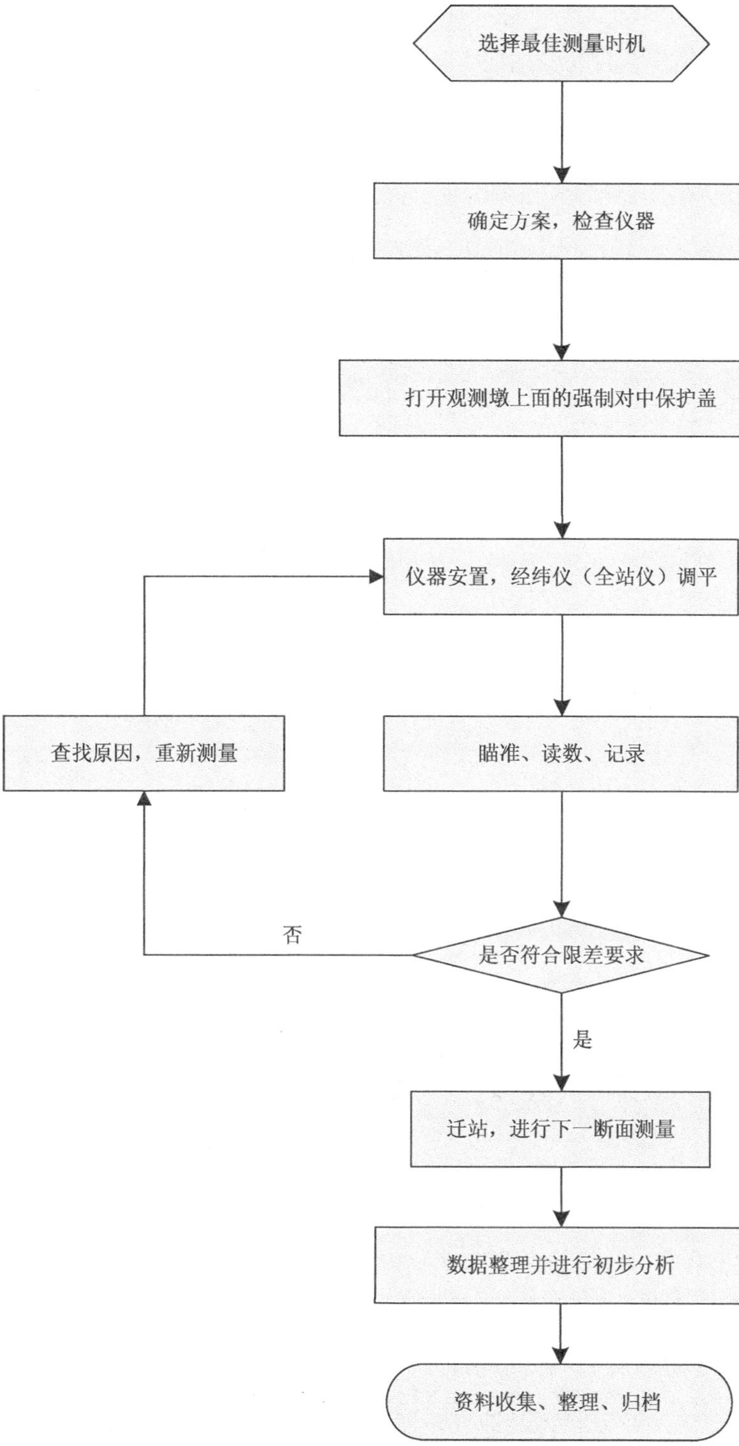

图 5-13　水平位移监测参考流程图

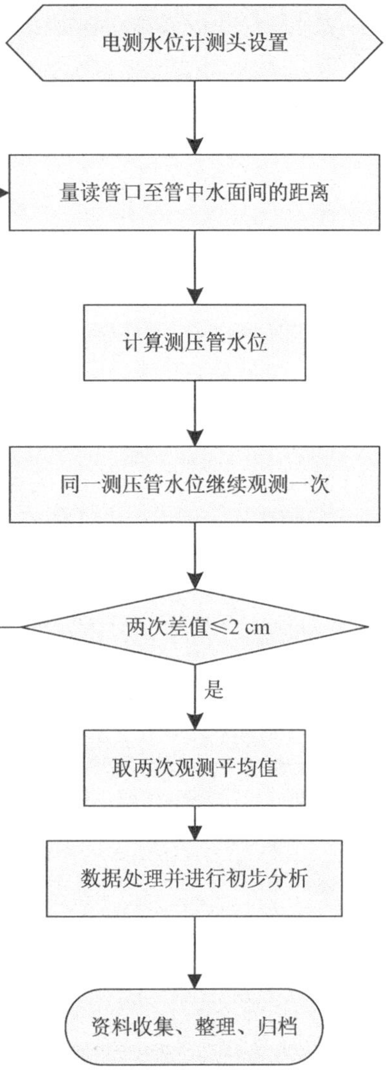

图 5-14　电测水位计法测压管水位监测参考流程图

（四）注意事项

1. 根据工程的结构布局、地基土质、已有的监测设施、监测手段和工程控制运用中存在的主要问题等提出观测项目的初步意见，报上级主管部门审批。

2. 观测工作应保持系统性和连续性，按照规定的项目、测次和时间进行现场观测。

3. 观测设备均应符合国家或部颁的现行技术标准，相关检测资料齐全。

4. 表面垂直、水平位移观测一般共用一个观测点，垂直、水平位移观测应配合进行。

5. 垂直位移、水平位移观测应选择合适的时间，日出后与日落前 30 min 内、太阳中天前后各约 2 h 内、标尺分划线的影像跳动而难于照准时、气温突变时、风力过大而使标尺（棱镜）与仪器不能稳定时，不得进行观测。

6. 如因工程维修或施工需要移动垂直位移观测标点时，应在原标点附近埋设新点，对新标点进行考证。

7. 测压管水位观测宜每月 3 次，监测结果应与自动化测值比较，以校核自动测值的可靠性。

8. 监测成果与以往成果比较，变化规律、趋势应合理。

9. 年底应对本年度观测资料进行整编，并将整编成果报上级主管部门审查。

10. 对发现的问题要落实处理措施，制定的应急预案要针对具体问题，可操作性要强。

（五）台账资料

垂直位移观测记录资料、水平位移观测记录表（视准线法）、测压管水位观测记录资料、伸缩缝观测记录资料、工程监测总结、裂缝观测资料、工程运用情况统计表、水位统计表、降水量统计表、气温统计表、流量统计表、引排水统计表、工程大事记等。部分表格参照附录 D。

五、养护维修流程

（一）适用范围

适用于水库的养护维修项目管理。

（二）工作职责

1. 养护维修项目实行统一管理、分级负责的原则。管理单位对养护维修项目组织实施全过程进行专业化的管理。

2. 管理单位应加强对所管土石坝及枢纽建筑物、机电设备及附属设施等的检查，根据发现的问题编制养护维修计划，报上级批准后组织实施，并接受上级主管部门的督查指导。

3. 项目管理单位主要负责人为项目第一责任人，按工程养护维修管理办法全面负责项目实施的质量、安全、经费、工期、资料档案管理。

4. 项目管理单位主要职责为编制上报季度养护计划、组织实施养护项目；编制上报年度维修项目；提交开工、验收申请报告；向项目实施单位支付资金；负责项目施工质量、进度、资金以及安全管理；负责及时填写与整编项目管理卡。

（三）工作流程

流程一般包括分析运行资料、检查资料，编制养护维修项目及计划，项目计划批复，组织实施，填写实施记录，完成项目管理卡，上报资料，台账整理等。

1. 工程养护项目管理参考流程如图 5-15 所示。

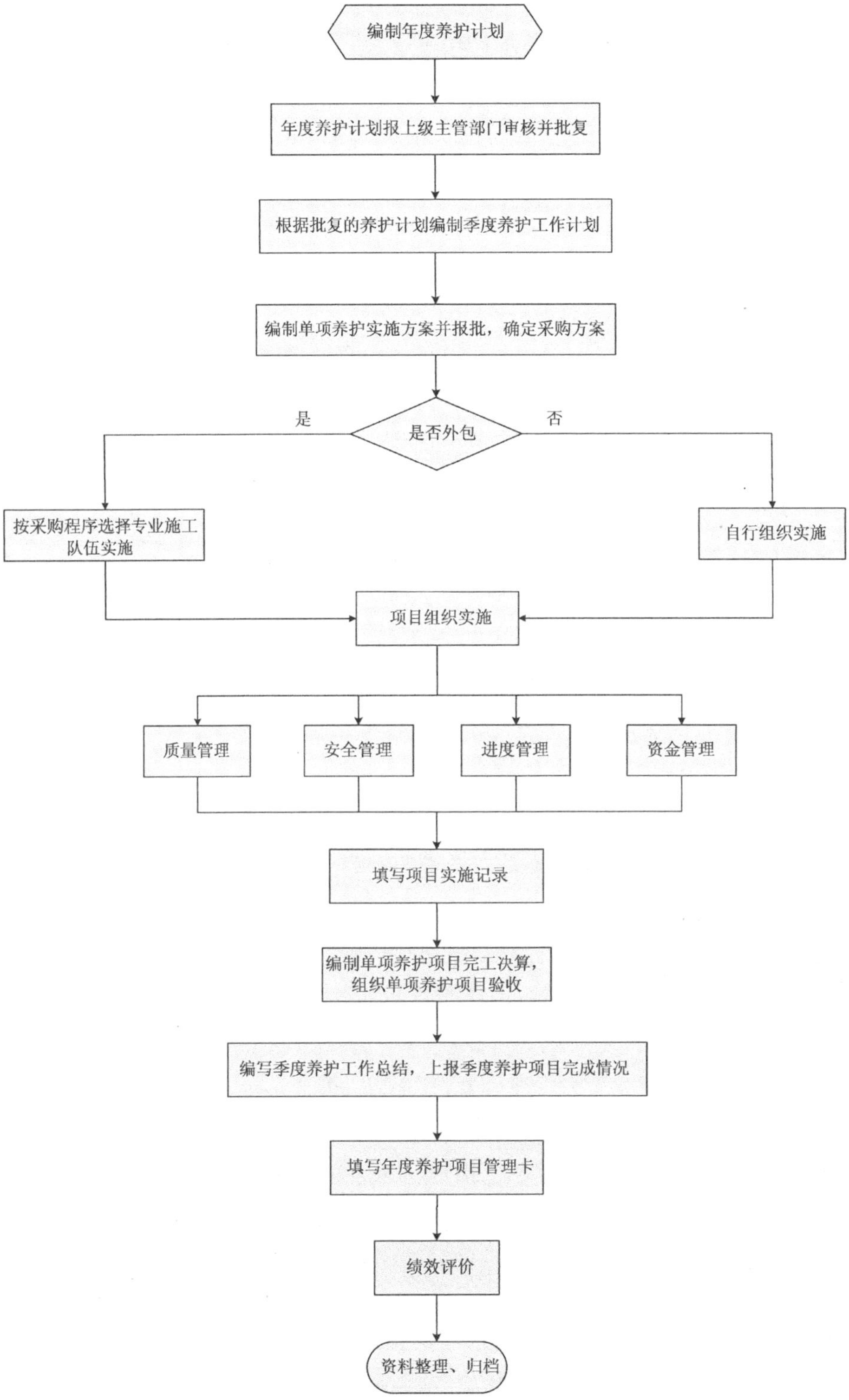

图 5-15　工程养护项目管理参考流程图

2. 工程维修项目管理参考流程如图 5-16 所示。

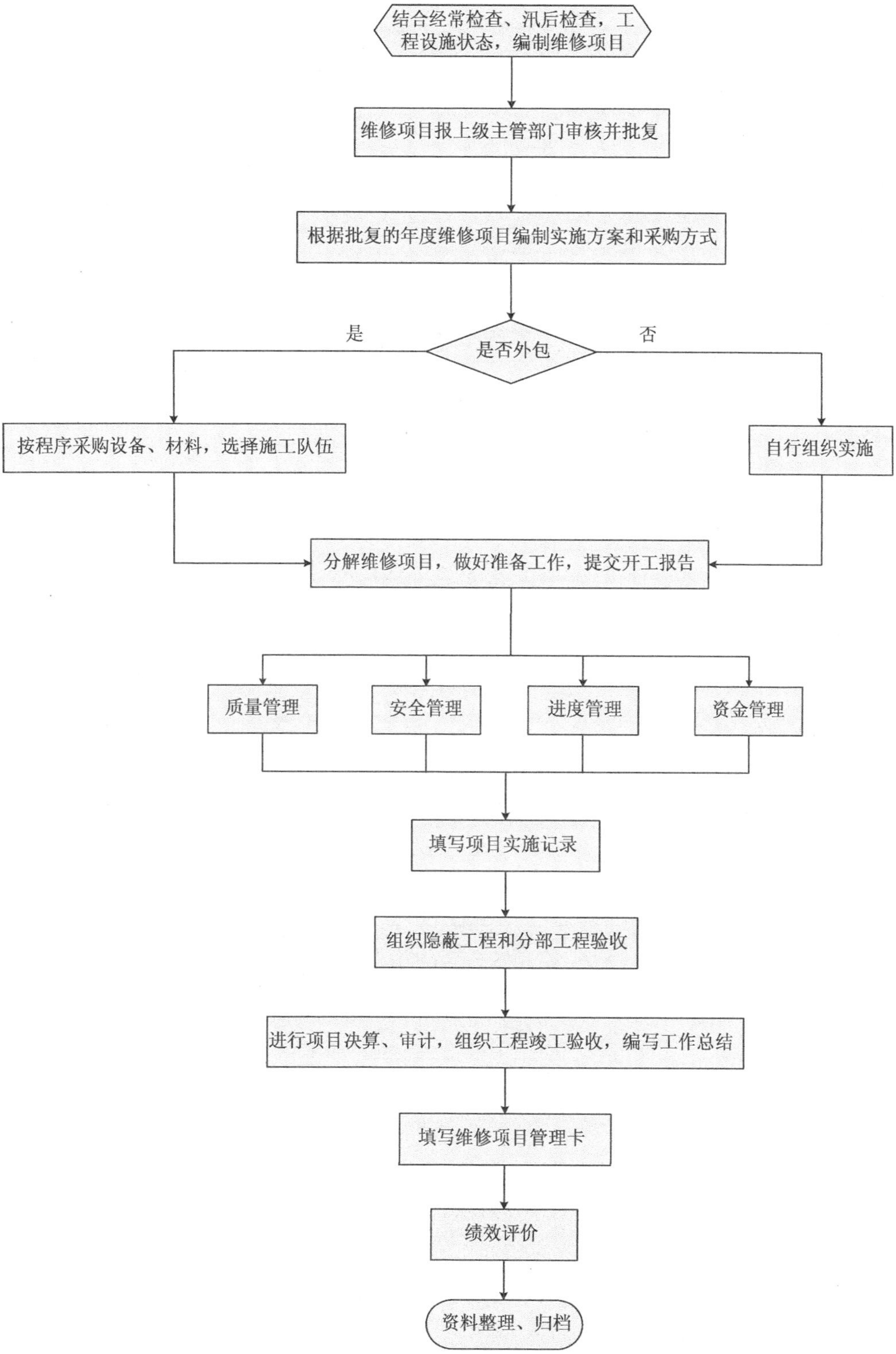

图 5-16　工程维修项目管理参考流程图

3. 启闭机大修参考流程如图 5-17 所示。

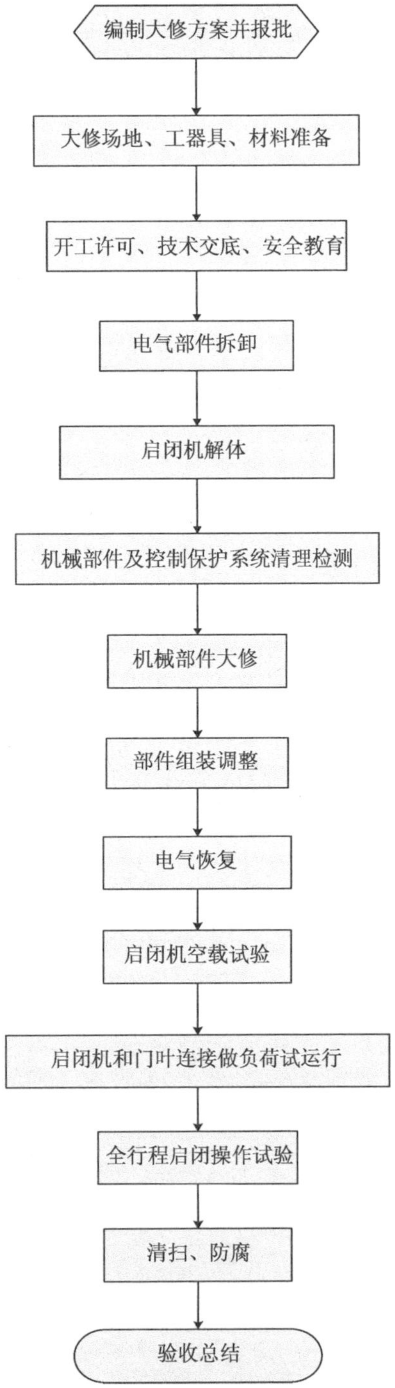

图 5-17　启闭机大修参考流程图

（四）注意事项

1. 养护维修项目实施实行项目负责制、合同管理制、开工备案制、竣工验收制等制度。

2. 管理单位应成立专门的项目管理工作组，对项目实施的进度、质量、安全、经费及资料档案进行管理，并填写项目管理卡。

3. 管理单位应强化项目过程控制，开展工程质量、进度、安全、资金、档案等方面的跟踪和督查。

4. 工程维修保养结束后，管理单位要将相关技术资料进行整理、归档，填写设备管理卡，对存在的设备缺陷，还应填入设备缺陷登记卡。

（五）台账资料

工程保养、检修记录、设备登记卡、设备缺陷登记卡、启闭机大修报告书、电气设备、闸门大修总结报告、养护项目管理卡、维修项目管理卡等。部分表格参照附录E。

六、白蚁防治流程

（一）适用范围

适用于水库按相关规定的白蚁防治的区域。

（二）工作职责

1. 防治工作应坚持以防为主、防治结合、因地制宜、综合治理、安全环保、持续控制的原则。

2. 管理单位每年应编制防治计划，并做好检查、防治和隐患处理工作。

（三）工作流程

白蚁防治工作流程一般包括编制防治计划、开展蚁害检查、实施蚁害治理、蚁害隐患处理、白蚁处理记录、白蚁防治年度总结和检查报告、资料整理归档等。

白蚁防治参考流程如图5-18所示。

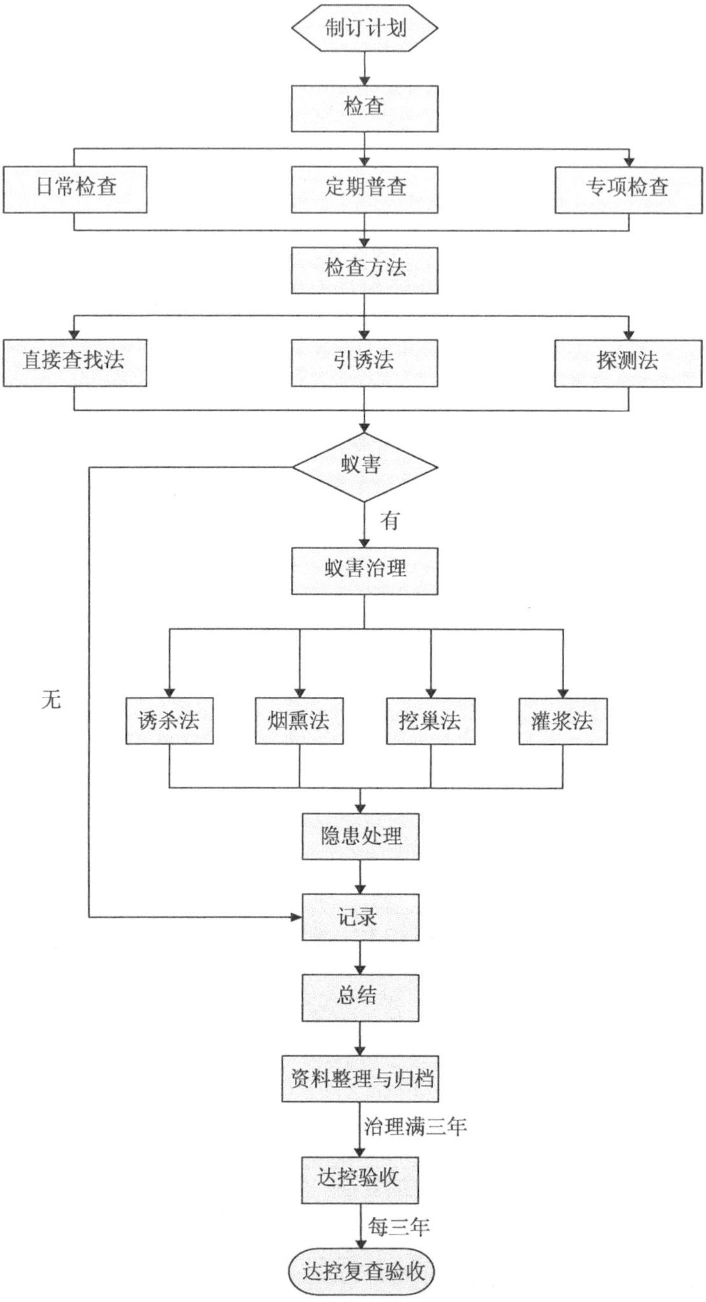

图 5-18　白蚁防治参考流程图

（四）注意事项

1. 白蚁检查分为日常检查、定期普查和专项检查，管理单位应该根据检查的侧重点明确检查人员。

2. 管理单位应根据本水库白蚁分布的特点选择适当的检查和治理方法。

（五）台账资料

白蚁防治年度计划、白蚁检查记录、白蚁处理记录、白蚁防治年度总结和检查报告等。部分表格参照附录F。

七、安全生产流程

（一）适用范围

安全生产流程适用于水库安全生产检查、运行事故处置、突发事件应急处理、危险源辨识和风险评价、注册登记及安全鉴定等工作。

（二）工作职责

1. 管理单位应健全安全组织网络，职责明确，制度健全，推进标准化建设。

2. 管理单位应严格执行安全生产管理法规，按照要求开展安全生产活动。

3. 根据相关要求，组织开展汛前汛后安全检查、重大节日安全检查以及其他专项安全检查等。

4. 组织开展安全生产宣传教育活动，对新职工进行“三级教育”。

5. 按照安全管理要求落实好各类安全措施，开展安全隐患排查和专项整治，确保安全设施完好，及时消除安全隐患。

6. 管理单位应根据《水库防洪应急预案》《水库大坝安全管理应急预案》的要求，成立突发事件处置组织机构，建立应急抢险队伍，并加强单位、部门间的协作，有效应对各类突发事件。

7. 规范特种设备和特种作业人员的管理，做到设备定期检测合格，人员持证上岗。

8. 按照规定及时组织开展工程注册登记、安全鉴定。

（三）工作流程

1. 安全检查流程一般包括制订安全生产检查计划、开展安全生产检查活动、填写检查记录、发现问题及落实整改措施、形成书面报告、检查资料归档等。

安全检查参考流程如图 5-19 所示。

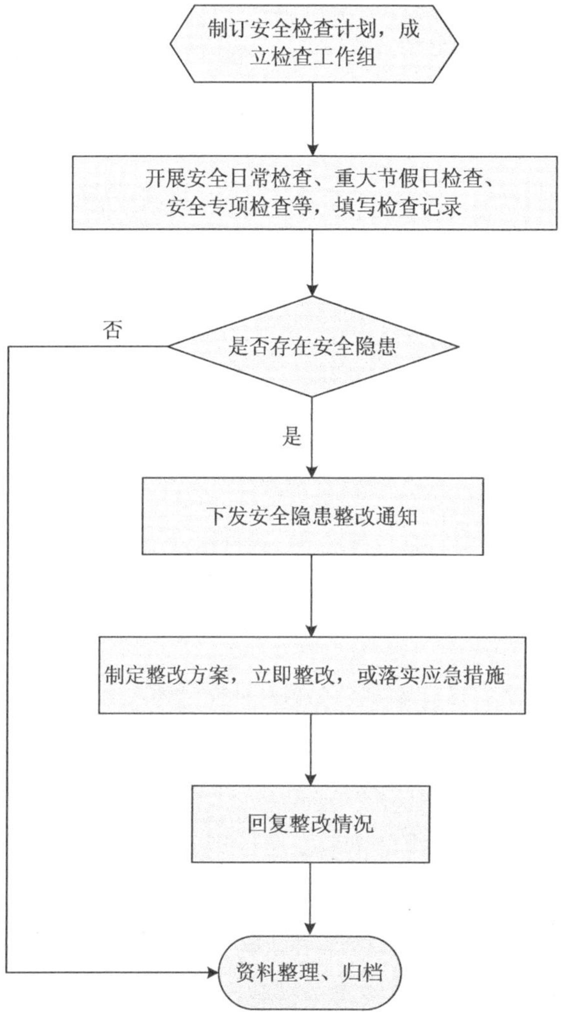

图 5-19　安全检查参考流程图

2. 运行事故处置流程一般包括确认事件性质、启动应急预案、事件处置、总结经验教训、资料收集整理等。

运行事故处置参考流程如图 5-20 所示。

3. 突发事件应急处理流程一般包括确定事件性质、事件上报、启动应急预案、事件处理、解除预警、调查总结、做好修复准备、资料收集整理归档等。

突发事件应急处理参考流程如图 5-21 所示。

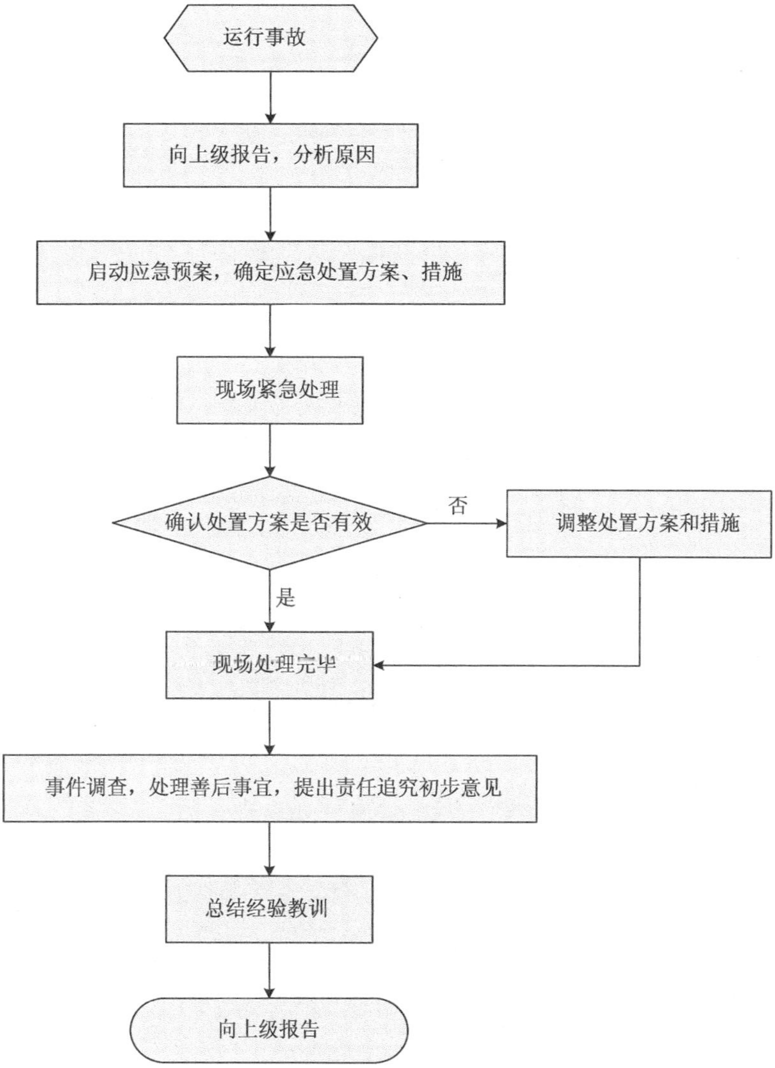

图 5-20　运行事故处置参考流程图

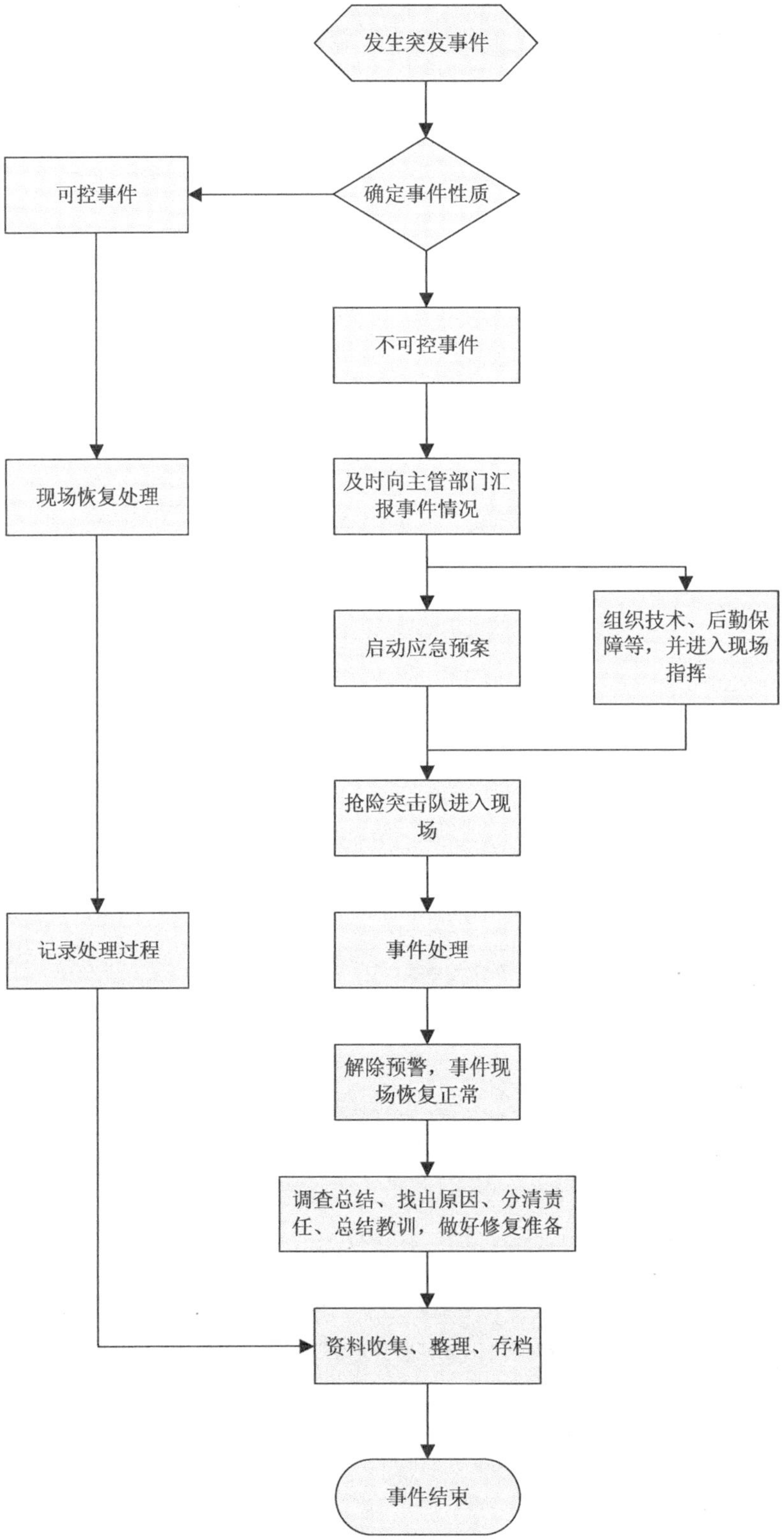

图 5-21　突发事件应急处理参考流程图

4. 危险源辨识和风险评价流程一般包括制定工作方案、现场辨识、重大危险源辨识、一般危险源风险评价、建立专项档案、形成危险源辨识和风险评价报告并上报、资料整理归档等。

危险源辨识和风险评价参考流程如图 5-22 所示。

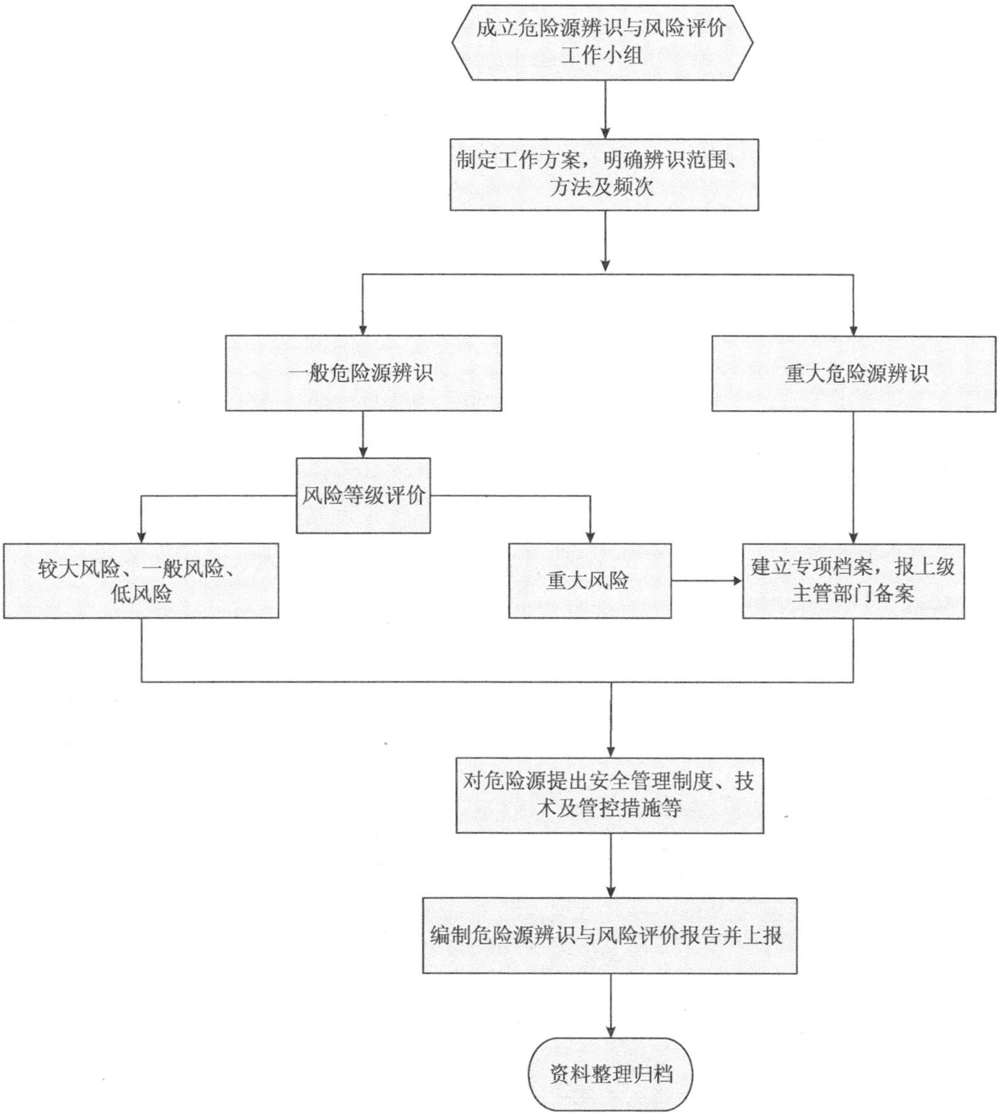

图 5-22 危险源辨识和风险评价参考流程图

5. 注册登记流程一般包括申报、审核发证、变更、打印明示等。

注册登记参考流程如图 5-23 所示。

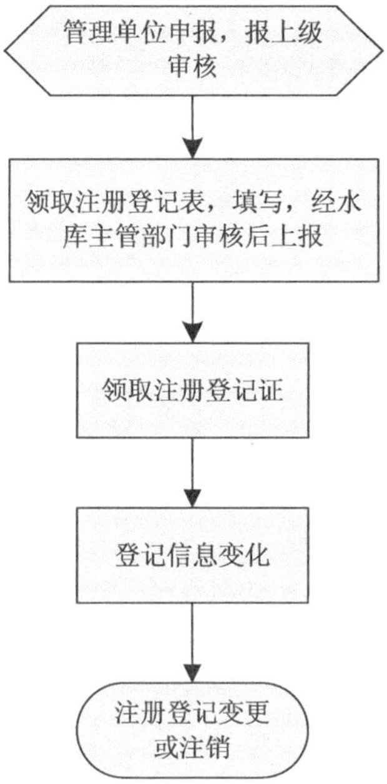

图 5-23 注册登记参考流程图

6. 安全鉴定流程一般包括制订计划、委托承担单位、现场检查、形成安全鉴定报告书、成果报批、资料整理归档等。

安全鉴定参考流程如图 5-24 所示。

(四) 注意事项

1. 安全生产日常检查每月应开展 1 次，对检查中发现的不安全因素应及时解决。

2. 元旦、春节、劳动节、国庆节、中秋节等重大节假日及安全生产月期间组织开展安全生产大检查活动，重点检查工程安全运行、防火防盗、交通、卫生等。

3. 夏季及冬季应做好专项检查工作，夏季重点检查防汛工作、食堂卫生及防暑降温工作开展情况，易燃易爆物品的管理等；冬季重点做好防火防盗、防冻防凌及冰雪天气交通安全管理情况等。

4. 工程运行期间应重点加强工程设施的检查、“两票三制”执行情况的检查及值班管理制度执行情况的检查等。

5. 管理单位应结合单位实际，根据工程运行情况和管理特点，科学、系统、全面地开展危险源辨识与风险评价，对重大危险源和风险等级为重大的一般危险源应建立专项档案，并报上级主管部门备案。

6. 工程施工作业应成立安全管理小组，配备专(兼)职安全员。与相关方签订安全生产协议，开展专项安全知识培训和安全技术交底，检查落实安全措施，规范作业行为。

7. 水库防洪应急预案、水库大坝安全管理应急预案应根据预案要求组织演练，运行事故处置方案每年应组织 1 次演练，有演练记录。

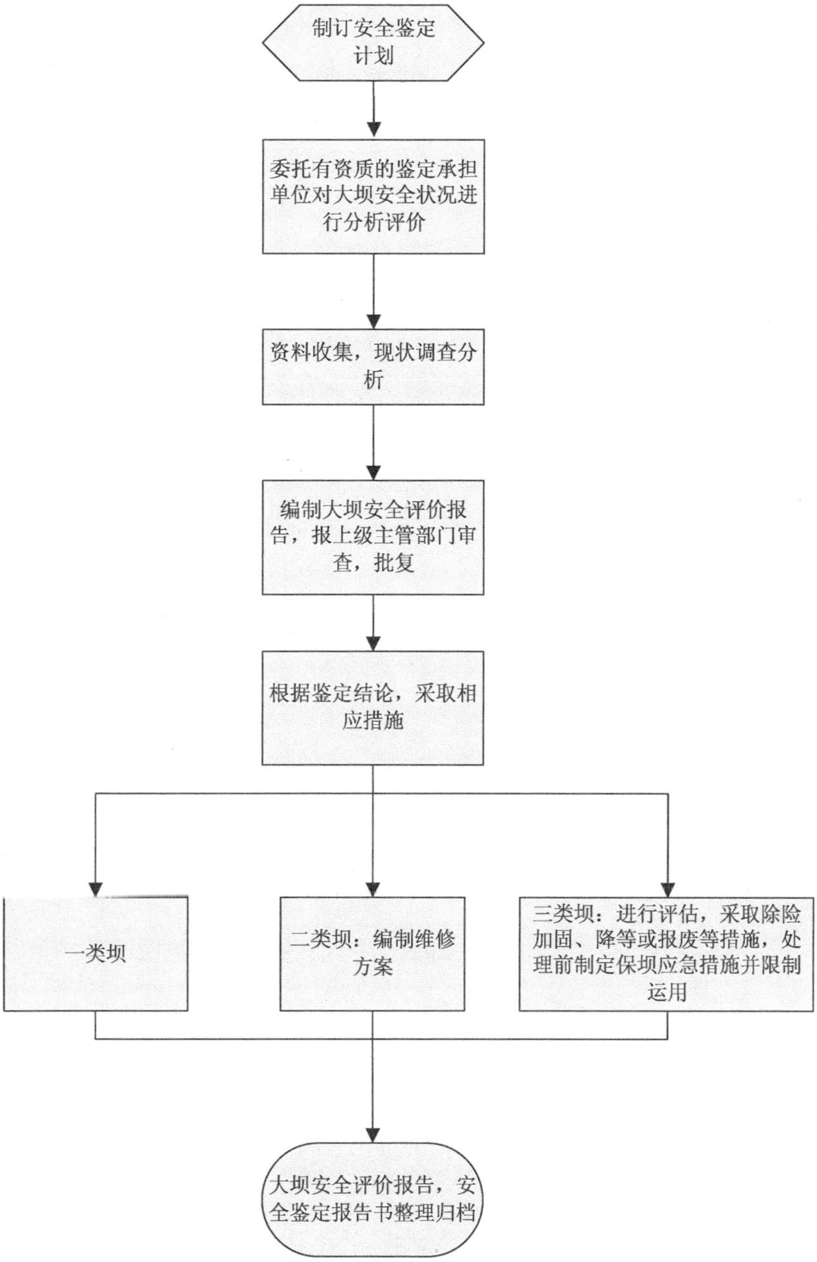

图 5-24　安全鉴定参考流程图

（五）台账资料

安全生产检查记录、安全会议记录、危险源辨识与风险评价资料、隐患整改记录、检查总结、安全标准化建设台账资料、安全鉴定资料等。部分表格参照附录 G。

八、制度管理流程

（一）适用范围

适用于水库管理单位制度管理工作。

（二）工作职责

管理单位建立健全并严格执行调度运用、检查评级、安全监测、养护维修、白蚁及其他动物危害防治、安全生产等相关工作制度，按照制度管人管事，不断完善制度体系。

（三）工作流程

制度管理流程一般包括各类规章制度的制定、培训、执行、评估、持续改进等工作。

制度管理参考流程如图 5-25 所示。

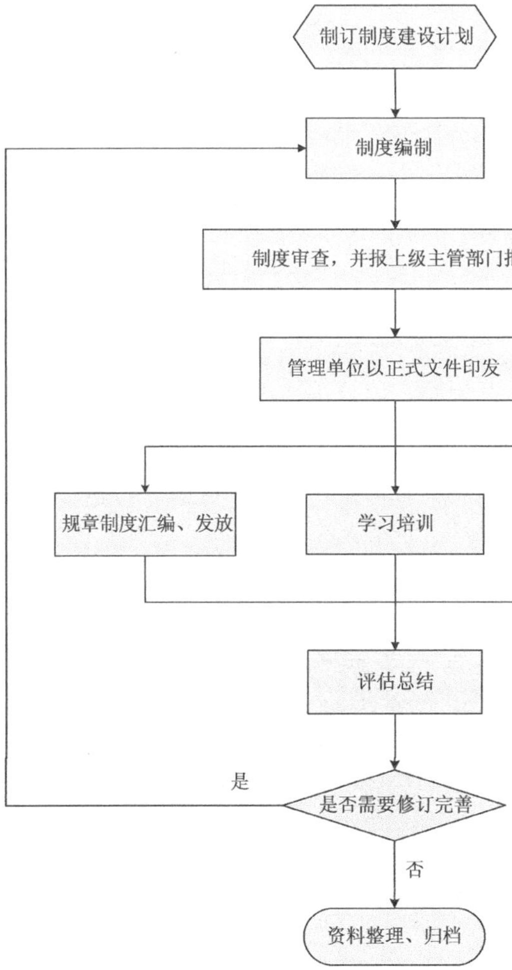

图 5-25　制度管理参考流程图

（四）注意事项

1. 下级制度不得与上级制度相抵触，同级有关规章制度应相协调。

2. 制度要切合实际，力求完整，形成体系。合理性、针对性和可操作性强。

3. 文字表达应准确、简明、易懂、逻辑严谨，制度术语、符号、代号应统一，并与其他的相关管理制度相适应。

4. 应加强对制度适用性、有效性和执行情况检查评估，及时修订完善，并持续改进。

（五）台账资料

台账资料包括规章制度汇编、学习培训资料、评估资料、修订记录等。

九、档案管理流程

（一）适用范围

档案管理流程适用于水库管理单位档案资料收集、整理、归档等工作。

（二）工作职责

1. 管理单位应配备专人负责档案管理工作。

2. 年底将本年度所有的试验记录、运行记录、检修记录等装订成册，保证资料的完整性、正确性、规范性。

3. 人员变动时应按目录移交资料，并在清单上签字，同时得到单位领导认可，不得随意带走或散失。

（三）工作流程

档案管理流程一般包括档案归档、档案保管、档案借阅等。

档案管理参考流程如图 5-26 所示。

（四）注意事项

1. 归档的科技文件，须由文件形成单位或部门，指定专人进行收集整理后，按规定移交或自行归档。

2. 对已接收或整理后的科技档案，本着便于保管、方便利用的原则，进行分类、编目、登记，放置在专门的档案柜内，应做到排列整齐有序，并由专人保管。

3. 建立健全科技档案借阅、登记制度。档案借阅时需办理借阅登记手续，填写借阅登记表。

4. 建立健全科技档案鉴定、销毁制度。

（五）台账资料

台账资料包括全引目录、案卷目录、档案借阅记录、档案销毁记录、档案室温湿度记录等。部分表格参照附录 H。

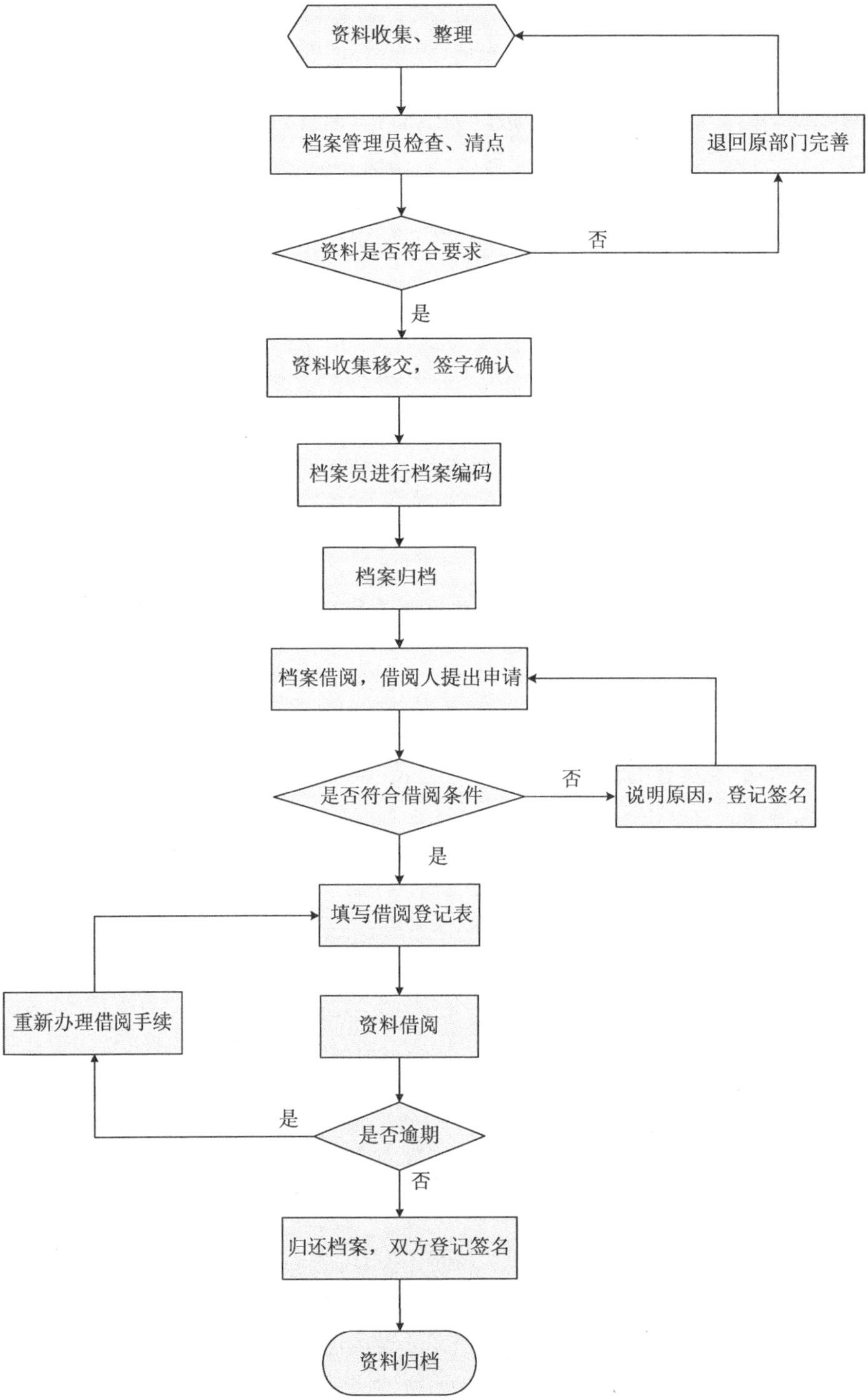

图 5-26　档案管理参考流程图

十、水政管理流程

（一）适用范围

水政管理流程适用于水库管理单位水行政执法巡查、涉水项目监管等。

（二）工作职责

1. 管理单位要建立水行政管理部门和专职水政监察队伍，负责本单位水行政管理工作，管理单位负责对水政监察队伍的执法巡查情况进行监督检查。

2. 水行政执法人员主要对水工程、库区等进行检查，重点检查是否存在危害水工程安全、破坏或者擅自占用水域或库堤、超范围或者未按许可实施涉水建设项目、破坏水资源等违法行为。

3. 巡查采用日常巡查与重点巡查相结合的方式。根据各类水事行为的特点设定巡查频次，对已经发生或者极易发生水事违法行为的重点区域应当增加巡查次数，必要时可开展联合执法巡查。

4. 巡查人员对水事活动实施检查，应主动出示执法证件，严格按照法定权限和程序办事。

5. 对巡查中发现的各类水事违法行为应及时处理。对特别紧急的水事违法案件应及时报上级主管部门。重大水事案件应当逐级上报。

6. 执法巡查中要加强水法规宣传，做到巡查和宣传相结合。

（三）工作流程

1. 水政巡查流程一般包括制定方案、明确巡查人员、实施巡查、违法行为处理和巡查记录整理归档等。

水政巡查参考流程如图 5-27 所示。

2. 涉水建设项目监管流程一般包括建设项目初审，转报审批，实施检查监督，对超过许可的建设行为进行处理，资料整理、归档等。

涉水建设项目监管参考流程如图 5-28 所示。

（四）注意事项

1. 应制定年度巡查方案，包括巡查范围、内容、频次、路线、要求、责任人和相关责任等。

2. 执法巡查不得少于 2 人，巡查时要携带执法证件、执法记录仪、调查取证工具、通信工具和必要的空白执法文书等。

3. 执法人员在巡查过程中应注意对现场情况的记录，必要时采取拍照、摄像记录现场

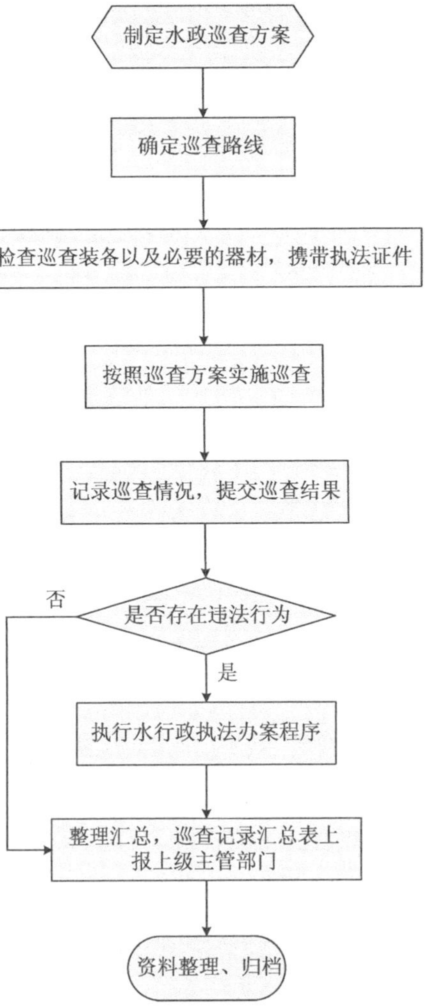

图 5-27　水政巡查参考流程图

情况，并将现场图片附到巡查记录中。发现违法水事行为应注意及时收集证据，严格遵守水法律法规的程序规定进行现场调查和勘验。

4. 执法人员对巡查中发现的各类水事违法案件应及时处理。一般性问题应当场制止，责令其整改。

5. 执法巡查应建立台账，巡查人员应及时填写巡查记录，详细说明巡查人员、路线、内容、发现的问题及处理情况等。执法部门应指定专人负责执法数据的统计和上报工作。

（五）台账资料

台账资料包括执法巡查记录、建设项目管理情况统计表、水行政执法巡查月报、宣传安全标牌检查维护记录表等。部分表格参照附录 I。

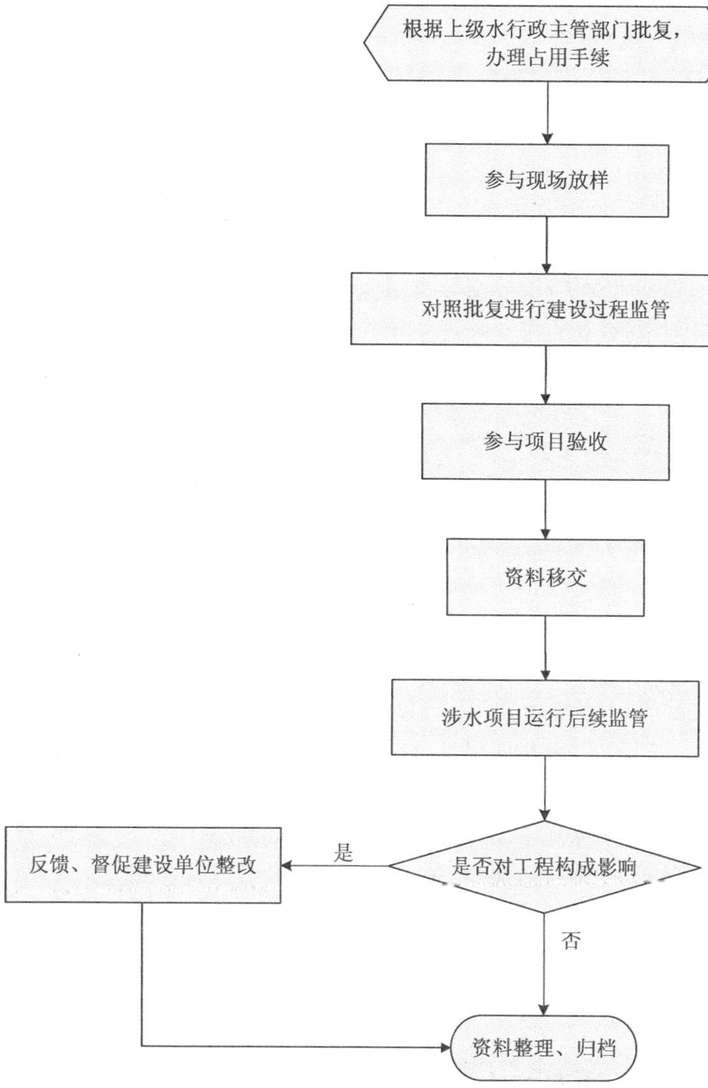

图 5-28 涉水建设项目监督管理参考流程图

第二节 作业指导书

编制作业指导书目的是帮助管理人员全面快速地了解某项工作的业务知识和管理要求，指导工作规范开展。作业指导书编制坚持“一库一事一册”，要以单座工程为单位，对工程控制运用、工程检查、安全监测、工程养护维修等典型工作编制作业指导书，也可将典型工作分解细化成若干个相对独立的分项工作，分别编制相应的作业指导书，并根据实际需求不断向其他工作拓展延伸。作业指导书应按规定的程序审核。

一、作业指导书编制参考要点

作业指导书要体现全过程管理的思想，明确单项工作实施过程的作业任务及职责分工、标准要求、作业流程及方法步骤、注意事项、资料台账等，以工作流程为主线集合成作业指导文件。对单项工作涉及的内容要全面具体，尽量数字化、图表化，文字简练、格式统一。作业指导书具体章节可结合实际工作编排。

1. 适用范围。要明确本项作业指导书适用的具体工程、具体工作。

2. 编制依据。要说明本项作业指导书编制参考的相关标准、办法、制度、设计文件等。要列出参考依据的技术文件名称及编号或发布时间等。

3. 基本情况。要说明工程的基本概况，包括规划建设、管理、加固改造、作用、效益等，重点说明与本项作业相关的工程情况、技术参数、特征值、管理特点及特定要求等。

4. 管理任务。说明本项作业涉及的工作任务、具体内容、时间频次等，同时，要明确本项作业的职责分工、责任主体，以及如何组织实施，让管理者明白工作职责所在。

5. 管理标准。工作标准和相关技术要求是开展本项作业的重要依据，作业指导书应将标准要求体现在作业全过程之中，并进行细化、量化。

6. 管理流程。结合本项作业从开始到结束全过程涉及的分项工作、作业环节及程序，明确本项作业的主要流程，绘制流程图。同时，要与流程图相对应，详细说明本项作业的工作方法和步骤，尽量以图文并茂的方式表述。

7. 管理制度。要说明本项作业应遵循的规章制度、操作规程等。

8. 注意事项。要重点说明本项作业过程中需要注意的相关事项和处置措施，尤其是涉及运行安全、个性化的管理要求要特别说明。注意事项可以在不同工作环节或步骤中分别说明。

9. 台账资料。要明确本项作业需要形成的相关台账资料、格式要求，以及整理归档的要求等。

二、典型工作作业指导书参考大纲

水库工程一般以水库枢纽工程单座工程为单位，对工程控制运用、工程检查、安全监测、工程养护维修等单项工作编制作业指导书，也可将典型工作分解细化，分别编制相应的作业指导书，并根据实际需求不断向其他工作拓展。

（一）控制运用作业指导书

1. 适用范围

控制运用作业指导书用于指导水库涵闸工程调度管理、运行操作、运行值班管理等全过程管理。

2. 编制依据

本作业指导书编制主要依据的是与控制运用相关的水库管理通则、调度规程、水闸管理规程、涵闸运行管理规程以及水库技术管理细则等。

3. 基本情况

工程基本情况包括水库涵闸建成时间、工程规模、主要高程、启闭机型号、设计流量、加固改造情况等，工程设计指标及主要设备技术参数以图表形式表达。与控制运用相关的情况要特别说明。

4. 工作任务及职责分工

控制运用工作任务主要包括工程调度管理、设备操作和运行值班。

(1) 调度管理主要说明控制运用方案和调度指令执行的具体要求。

(2) 设备操作主要说明闸门启闭时所进行的操作内容。

(3) 运行值班主要明确值班人员的分工及岗位职责。

5. 控制运用要求

参照控制运用工作标准相关内容，主要说明控制原则、调度指令执行要求、闸门启闭要求等。

6. 闸门启闭操作流程及步骤

闸门启闭操作步骤要详细具体，表达清晰，可采用现场实物图片配以文字说明方式描述，梳理、说明运行操作流程，绘制流程图。

(1) 操作步骤主要包括闸门启闭前的准备工作、操作控制系统的供电方式、闸门启闭动力电源送电操作步骤、柴油发电机组运行操作规定及步骤、闸门现场启闭操作步骤、闸门远程控制操作步骤。

(2) 结合启闭操作的顺序，详细说明每一步操作的设备、按钮、开关的位置。

(3) 对操作过程中需要特别注意的事项，可在相应的操作步骤下方详细注明。

7. 运行巡查

涵闸运行期间，详细说明涵闸建筑物各部位、闸门、启闭机、机电设备、观测设施、通信设施、管理设施和水库及管理范围内的河道、堤防和水流形态巡查的时间、路线、内容、要求和注意事项。

8. 运行值班

(1) 应详细规定运行值班相关要求和运行值班纪律要求。

(2) 明确交接班的相关内容和注意事项。

(3) 规定运行值班场所运行资料、运行记录等的记录管理要求和值班场所环境卫生要求。

(4) 说明重要操作、事故处理等特殊情况下的交接班要求。

9. 管理制度

管理制度应说明控制运用应遵循的规章制度、操作规程等，主要有：调度管理制度、操作票制度、运行值班制度、交接班制度、计算机监控系统管理制度、闸门启闭操作规程、配电设备操作规程、柴油发电机组操作规程等。具体内容参照管理制度章节。

10. 台账资料

台账资料应明确调度记录、启闭记录、值班记录等的要求和内容。

(二) 工程检查作业指导书

1. 适用范围

工程检查作业指导书用以指导开展水库各类工程检查工作。

2. 编制依据

本作业指导书编制主要依据的是与工程检查相关的水库管理规程、水库管理通则、本水库的技术管理细则、规章制度、工程设计文件、除险加固资料等。要列出参考依据的技术文件名称及编号或发布时间等。

3. 基本情况

工程基本情况介绍一般包括水库建成时间、工程规模、水文特性、水库特性、挡水建筑物、泄水建筑物、灌溉涵洞、工程效益、除险加固情况等，工程设计指标及主要设备技术参数以图表形式表达展示。

4. 工作任务及职责分工

水库工程检查主要分为日常检查、定期检查和特别检查，说明每项检查的时间频次、检查项目的主要内容和侧重点，并明确各类检查的责任人和岗位职责。

5. 日常检查

日常检查包括大坝巡查和经常检查，分别说明检查要求、检查周期、检查流程、巡视检查路线和检查内容等。

(1) 日常检查要求参照工程检查工作标准相关内容，明确检查工作如何开展，以及问题如何处理等。

(2) 日常检查周期参照相应的管理标准确定，与工作任务相对应。

(3) 日常检查流程反映从开始组织到检查结束以及结果处理、台账资料管理等全过程的工作环节，绘制流程图，流程可从责任主体、检查的步骤、相关的记录资料等方面编制。

(4) 检查线路应根据工程及管理范围实际情况设计。按工程布置设计巡视检查线路；巡视线路能涵盖管理范围内的土石坝及枢纽工程建筑物、闸门、机电设备，线路尽可能简捷，无重复或少重复。

(5) 日常检查内容主要包括土石坝及枢纽建筑物、混凝土及砌石工程、块石护坡、伸缩缝、闸门、启闭机、电气设备、安全监测设施、管理设施、通信设施、管理范围内违章建筑、工程环境、流态、水体等。应按照日常巡查、经常检查的侧重点分别详细说明检查内容、合格标准、注意事项等。

6. 定期检查

定期检查主要是汛前检查、汛后检查、水下检查、涵洞进洞检查、试验检测等，分别说明检查要求、检查流程、检查内容等。

(1) 定期检查的要求可参照定期检查工作标准，分别明确检查工作如何开展，以及问题如何处理等要求。

(2) 定期检查流程反映检查工作如何组织与实施、结果处理以及接受上级检查、问题整改、台账资料管理等全过程的工作环节，绘制流程图。

(3) 定期检查内容主要包括土石坝及枢纽建筑物、混凝土工程、闸门、启闭机、电气设备、电动葫芦、标志标识等，应详细说明检查内容、合格标准等。

7. 特别检查

特别检查主要包括检查要求、检查流程和检查内容。

特别检查是针对水库工程遭受的异常情况或突发事件开展的有侧重点的检查，分别说明检查要求、检查流程和检查内容等。可参照定期检查的相关内容和要求编制。

8. 管理制度

本项作业应遵循的工程检查制度，具体内容参照管理制度章节。

9. 台账资料

台账资料包括日常巡查记录、定期检查记录、定期检查汇总表、水下检查记录表、涵洞进洞检查记录、定期检查报告、特别检查报告等。

（三）安全监测作业指导书

1. 适用范围

安全监测作业指导书用以指导开展水库各类安全监测工作。

2. 编制依据

本作业指导书编制主要依据的是与安全监测相关的规范、规程以及本水库技术管理细则、规章制度、工程设计文件、除险加固资料等，要列出参考依据的技术文件名称及编号或发布时间等。

3. 基本情况

工程基本情况介绍一般包括水库建成时间、工程规模、水文特性、水库特性、挡水建筑物、泄水建筑物、灌溉涵洞、工程效益、除险加固情况等；工程设计指标及主要设备技术参数以图表形式表达展示。

4. 工作任务及职责分工

水库工程安全监测应严格按照审批的“观测任务书”中规定的项目开展，监测任务主要包括变形监测、渗流监测、水文气象监测、建筑物伸缩缝观测和其他观测等。应说明每项观测的时间频次、外业测量、记录复核、分析汇总、资料整理和特别要求等，并明确各类观测的组织分工、具体观测人员的职责。

5. 总体要求

总体要求应规定对所有监测项目通用的要求，主要包括人员、设备、记录、分析等。

6. 变形监测

变形监测主要包括垂直位移监测、水平位移监测、裂缝监测等，主要内容包括一般要求、操作流程及步骤、资料整理及初步分析等。

（1）垂直位移监测

① 一般要求应说明本工程垂直位移观测时间和测次、测量精度、工作基点的引用等，并绘制观测标点布置图。

② 操作流程主要包括检查校验观测设备、确定观测路线、电子水准仪的安置、粗平、瞄准、读数等环节，绘制流程图。操作步骤与流程各环节相对应，可采用现场测量图片配以文字说明方式描述，对相关注意事项要同步说明。

③ 观测外业工作结束后，应及时对成果计算、校核，要明确测量的限差、需填写的图表以及初步分析的要求。

（2）水平位移监测

① 一般要求应说明本工程水平位移观测时间和测次、测量精度、工作基点的引用等，并绘制观测标点布置图。

② 操作流程主要包括检查校验观测设备、确定观测路线、全站仪（经纬仪）的安置、调

平、瞄准、读数等环节，绘制流程图。操作步骤与流程各环节相对应，可采用现场测量图片配以文字说明方式描述，对相关注意事项要同步说明。

③ 观测外业工作结束后，应及时对成果计算、校核，要明确测量的限差、需填写的图表以及初步分析的要求。

(3) 裂缝监测

裂缝监测主要包括标点布置、监测时间、监测方法与要求、监测图表绘制等。

7. 渗流监测

渗流监测主要包括坝基渗流压力、坝体渗流压力、绕坝渗流、渗流量监测等。主要内容包括一般要求、操作流程及步骤、资料整理及初步分析等。

(1) 一般要求应说明监测时间和测次、监测方法与要求、测量精度，并绘制测点平面分布布置图。

(2) 操作流程主要有自动监测和人工监测两方面，自动监测根据本水库的大坝安全监测管理系统在计算机上进行。人工监测主要是测压管水位监测，包括测头设置、量读管口至水面的距离、计算测压管水位等环节，同时记录上、下游水位，绘制流程图。操作步骤与流程各环节相对应，可采用现场测量图片配以文字说明方式描述，对相关注意事项要同步说明。

(3) 观测外业工作结束后，应及时对成果计算、校核，要明确需填写的图表以及初步分析的要求。

8. 水文、气象监测

水文、气象监测主要内容有水文、气象监测内容，监测设施的数量和布置位置，观测的频次，测量方法以及精度要求，资料整理和初步分析等。

9. 资料整理

资料整理主要包括资料的计算、校核、审查，资料分析和资料刊印等。

(1) 外业监测结束后，应及时对监测资料进行计算、校核、审查。应说明一校、二校的内容，明确原始记录的审查要求，并规定资料整理的内容及要求等。

(2) 通过相关参数、相关项目过程线，分析观测成果的变化规律及趋势，编写年度监测成果的初步分析并将资料进行刊印。资料刊印可按照工程基本资料，监测工作说明，垂直位移，水平位移，渗流监测，水文、气象监测，其他观测项目和工程运用情况等顺序进行编制。

10. 管理制度

本项作业应遵循的工程管理制度，具体内容参照管理制度章节。

11. 台账资料

台账资料包括观测标点布置示意图、垂直位移工作基点考证表、垂直位移工作基点高程考证表、垂直位移观测标点考证表、垂直位移观测成果表、垂直位移量横断面分布图、垂直位移量变化统计表；水平位移观测记录表、水平位移工作基点考证表、水平位移观测标点考证表、水平位移观测成果表、水平位移统计表、累计水平位移过程线；渗压计观测记录表、容积法渗流量观测记录表、量水堰法渗流量观测记录表、测压管位置示意图、测压管考证表、测压管管口高程考证表、测压管注水试验成果表、测压管淤积深度统计表、渗流压力水位统计表、渗流量统计表、渗流压力水位过程线、坝体横剖面渗流压力分布图、渗流量过程线；年度上(水库)、下游水位统计表、年度逐日降水量统计表、日均气温(库水温)统计表；工程运用情况统计表、流量、引(排)水量统计表、监测工作说明、监测成果的初步分析等。

（四）养护维修作业指导书

1. 适用范围

养护维修指导书用以指导水库工程养护维修项目的组织实施和项目管理，以及主要工程设施的养护维修工作。

2. 编制依据

本作业指导书编制主要依据的是与工程养护维修相关的规程、办法，本水库的技术管理细则、规章制度、工程设计文件、除险加固资料等，要列出参考依据的技术文件名称及编号或发布时间等。

3. 基本情况

工程基本情况包括水库建成时间、工程规模、水文特性、水库特性、挡水建筑物、泄水建筑物、灌溉涵洞、工程效益、除险加固情况等；工程设计指标及主要设备技术参数以图表形式表达展示。

4. 工作任务及职责分工

水库工程养护维修主要包括土石坝及水库枢纽建筑物养护维修、管理设施及安全监测设施养护维修、闸门养护维修、启闭机养护维修、电气设备养护维修、自动化系统养护维修等。应说明养护维修及项目管理工作内容，并明确各自的组织分工、人员职责等。

5. 养护维修总体要求

参照养护维修工作标准相关内容，明确养护维修在分类、实施时间、内容及项目管理等方面应遵循的总体要求。

6. 养护维修实施流程

养护维修实施流程主要反映从立项下达，到实施准备、过程管理，以及决算审计、档案管理及验收等全过程的重点环节，绘制流程图。

7. 水工建筑物养护维修

（1）水工建筑物主要包括：水库的挡水建筑物、泄水建筑物、灌溉涵洞等。

（2）应详细说明水工建筑物养护维修的基本要求、养护维修部位、存在问题、养护维修方法及注意事项。

8. 管理设施及安全监测设施养护维修

（1）管理设施主要包括：办公设施、消防设施、管理区道路、工程标牌、生活及辅助设施等。安全观测设施主要包括：垂直位移监测设施，水平位移监测设施，渗流监测设施，水位、气象监测设施等。

（2）应详细说明管理设施及安全监测设施养护维修的基本要求、养护维修部位、存在问题、养护维修方法及注意事项。

9. 土石坝的养护维修

（1）土石坝的养护内容主要包括坝顶坝端、坝坡、坝区、排水及导渗设施的养护等。

（2）应对土石坝养护的基本要求、养护的主要方法及注意事项作详细说明。

（3）土石坝的维修内容主要包括坝坡维修、坝体裂缝维修、坝体滑坡维修、大坝渗漏维修、坝下埋涵(管)维修等。

（4）应对维修的基本要求、维修的主要方法及注意事项作详细说明。

10. 闸门养护维修

(1) 闸门养护维修的内容主要包括:门叶、行走支承装置、吊耳、吊杆及锁定装置、止水装置、埋件、闸门表面防腐层等。

(2) 应对闸门养护维修的基本要求、闸门养护主要方法、闸门维修主要方法及注意事项进行详细说明。

(3) 结合工程实际情况,针对门叶构件强度、刚度不足,构件变形,焊缝开裂,行走支承装置磨损、变形、断裂,吊耳、吊杆及锁定装置的轴销裂纹或磨损、腐蚀,止水装置磨损、变形,埋件的变形、脱落,防腐涂层的裂纹、脱落分别提出具体的维修措施。

11. 启闭机养护维修

启闭机养护维修主要包括:一般要求、养护维修、检修流程等。

(1) 启闭机养护维修一般要求应对机体表面的清洁、联接件、传动轴、机械传动装置、制动装置、钢丝绳、液压系统、螺杆提出总的要求。

(2) 启闭机养护维修应对养护的方法、大小修的划分、大小修的项目、维修的方法分部位进行具体说明。修复后,按技术要求安装调试,全面消除缺陷。

(3) 启闭机检修包括大修前准备、启闭机的解体、机械部件大修、部件组装调整、电气恢复、启闭试验等,绘制检修流程图。

12. 电气设备养护维修

(1) 电气设备养护维修内容主要包括变压器、开关柜、柴油发电机组、输电线路、防雷接地装置等。

(2) 应详细说明各种类型设备的检修周期、检修项目、养护维修内容、技术要求以及注意事项,对重要的检修项目绘制必要的检修流程图。

13. 自动化系统养护维修

(1) 自动化系统养护维修主要内容包括微机监控系统、视频监视系统和网络通信系统等。

(2) 管理单位每年应对自动化系统进行 1 次全面维护,对基本性能与重要功能进行测试。详细说明微机监控、视频监视、网络通信系统的盘柜、计算机、PLC 模块、打印机、UPS 电源、摄像机、系统功能的维护项目、测试内容和技术要求等。

14. 项目管理

养护维修项目管理执行省级水利工程养护维修项目管理卡制度。养护项目实施采用"工程养护项目管理卡",维修项目实施采用"工程维修项目管理卡"。

(1) 项目管理要求

参照项目管理工作标准相关内容,分别明确维修项目、养护项目管理应遵循的有关规定。

(2) 项目管理流程

项目管理流程分别反映维修项目、养护项目从计划批复下达、项目采购、合同管理、施工管理、方案变更、中间验收、决算审核、档案专项验收、竣工验收、档案管理等全过程的工作环节,绘制流程图。

(3) 项目实施

项目实施主要说明项目实施方案编制要求及内容、项目实施方案报批、施工单位的选择及材料设备的采购、项目实施过程管理、项目竣工总结编写等要求。

（4）竣工验收

竣工验收主要说明竣工验收的组织、验收的内容、验收程序等。

（5）项目管理卡

工程维修项目管理卡主要包括项目实施计划审批表、项目实施方案、项目预算（单价分析表）、开工报告审批表、项目实施情况记录（图片资料）、项目质量检查及验收（分部工程验收卡）、项目竣工总结、决算书封面、项目竣工决算、项目竣工验收卡、附件等。

工程养护项目管理卡主要包括养护项目计划审批表、年度工程养护计划、年度工程养护计划预算表、季度工程养护计划审批表、季度工程养护计划封面、季度工程养护计划、季度工程养护计划预算表、单项养护工程项目实施计划封面、单项养护工程实施方案、单项养护工程实施计划预算表、单项养护工程开工申请审批表、单项养护工程情况表、单项养护工程费用明细表、单项养护工程验收卡、季度工程养护总结、年度工程养护验收卡、工程养护总结、工程养护大事记等。

15. 管理制度

说明养护维修应遵循的相关规章制度，主要有：养护维修项目管理制度、设备管理制度等。具体内容参照管理制度章节。

16. 台账资料

台账资料包括设备修试记录、安装质量评定表、养护维修项目管理卡等。

（五）白蚁防治作业指导书

1. 适用范围

白蚁防治指导书用以指导水库白蚁防治工作。

2. 编制依据

本作业指导书编制主要依据的是与白蚁相关的规程、办法，本水库的技术管理细则、规章制度等，要列出参考依据的技术文件名称及编号或发布时间等。

3. 基本情况

工程基本情况包括水库建成时间、工程规模、水文特性、水库特性、挡水建筑物、泄水建筑物、地区地理位置与白蚁活动规律等。工程设计指标及主要设备技术参数以图表形式表达展示。

4. 工作任务及职责分工

应说明白蚁防治工作内容，并明确各自的组织分工、人员职责等。

5. 工作流程

绘制出水库白蚁防治的工作流程图。

6. 蚁害检查

明确水库蚁害检查的范围、检查分类、检查时间、检查线路、检查内容、检查方法等。

7. 蚁害治理

明确蚁害治理的原则、治理方法、治理步骤、隐患处理等。

8. 蚁害控制验收

蚁害控制验收应包括蚁害控制的标准、蚁害控制验收应符合的条件、接受复查验收的时间等。

9. 管理制度

具体内容参见管理制度章节。

10. 台账资料

台账资料应包括白蚁防治工作年度计划，白蚁检查的时间、人员、范围，白蚁治理的方案，白蚁处理记录，白蚁防治年度总结和检查报告等。

第六章　管理评价

精细化管理的关键是执行力，建立行之有效的考核评价机制是确保各项工作按标准实施并最终实现工作目标的重要环节，是决定工作执行成效的重要保证。要结合单位自身实际，针对不同阶段目标管理的侧重点和责任主体，建立健全专项考核与综合考核、平时考核与年度考核、单位考核与职工考核等多形式、多层级的目标成果考核评价体系，并落实必要的奖惩措施。各类考核评价要有明确的目标和标准，注重不同考核评价之间的衔接，避免考核过多、重复考核，提高工作成效。

管理单位要按照事业单位人事管理及考核管理相关要求，发挥好绩效分配激励引导作用，结合单位实际，建立单位工作效能考核和职工实绩考核制度，制定完善考核办法和标准，将考核结果与评先评优、岗位聘用、职务晋升和收入分配相挂钩。要完善岗位设置、工作职责和考核标准，注重平时考核、量化评价，将管理责任具体化、考核评价常态化、绩效奖惩透明化，切实保证管理精细高效，富有执行力、创新力。同时，积极开展精细化管理工作评价，评估总结精细化管理工作成效，发扬优势，克服不足，持续改进提高。

第一节　单位效能考核

单位效能考核主要对管理单位的汛前准备专项工作、工程管理日常工作、单位年度综合工作及工程管理年度考核工作等进行考核评价，一般由上级主管部门组织。

一、考核参考方式

1. 汛前准备专项考核重点考核汛前检查工作组织、设备设施状况、应急措施、检查观测与设备评级、档案资料、制度建设等情况，一般在每年 4 月底前进行。

2. 工程管理日常考核重点考核平时工作开展情况，主要考核运行管理、设备管理、标志管理、工程检查、工程养护维修、安全监测、工程技术档案、安全生产、水政管理、环境管理、岗位考核管理等方面工作，应根据不同阶段工作特点明确考核侧重点。一般按月或季度进行考核。

3. 单位年度综合考核重点考核单位年度综合性工作，主要包括履职情况、党的建设和满意度评价等方面，作为年度评优的主要依据，一般在年底进行，平时考核结果作为年度综合考核的重要参考。

4. 工程管理年度考核按照水利部、江苏省工程管理考核办法及标准的要求，从组织管理、安全管理、运行管理、经济管理等四个方面开展年度自检、考核工作，并报上级主管部门，一般在年底进行。

二、考核内容参考要点

（一）汛前准备考核

1. 汛前准备工作的组织、责任落实及总体开展情况。
2. 规章制度建立、修订情况以及执行情况。
3. 各类工程图表、标志标牌设置及明示情况。
4. 检查监测、电气试验、养护维修、工程评级等各类资料的收集、分类、整理、归档情况。
5. 土石坝及枢纽建筑物、涵闸启闭设备、电气设备、监控及网络通信系统等工程设施状况。
6. 防汛应急项目、影响安全度汛项目的进度和完成情况；养护维修项目管理情况。
7. 安全隐患排查及处理情况，预案编制修订及演练情况。
8. 防汛抢险组织网络；防汛抢险物资落实、保管情况。
9. 安全生产责任制、组织网络及安全措施落实情况；安全工器具管理及定期试验情况；消防设施配备、调试、年检及维保情况；安全防护设施及警示信号、标志牌设置情况。
10. 安全监测设施、防汛仓库和管理范围内场地、道路及设备区等环境卫生情况。

（二）工程管理日常考核

1. 调度指令执行情况；操作过程管理、值班管理情况。
2. 工程检查按规定开展情况，记录台账、成果上报、问题整改等。
3. 设备现状以及养护维修、缺陷管理等情况。
4. 设备编号、转动方向、涂色、警示牌等标志标牌管理。
5. 养护维修项目实施方案、采购程序、过程管理、审计与验收、项目管理资料等。
6. 安全监测开展情况、资料整编等。
7. 技术档案收集、整理、归档、保管等情况。
8. 安全生产组织网络、规章制度、安全标志牌、风险识别、隐患排查治理、事故处理等。
9. 水法律法规宣传学习、水政巡查、涉水项目管理、水事案件处理等。
10. 工作场所环境卫生、绿化维护等。
11. 工作任务分解、岗位责任落实、考核开展情况等。

（三）单位年度综合考核

1. 单位年度综合考核主要根据管理单位职能和年度重点工作任务按履职情况、党的建设、满意度评价等分类考核、综合评价，分出相应的考核等次。

2. 履职情况主要考核工程管理、调度运用、防汛抗旱、安全生产、基本建设、库区管理、水政管理、科技创新与信息化、预算绩效管理、水文工作、水文化建设等方面。

3. 党的建设主要考核政治建设、思想建设、组织建设、作风建设、党风廉政建设、精神文明建设和群团工作等。

4. 满意度评价主要包括：上级主管部门负责人对单位效能提升、作风改进、廉政勤政等方面的评价；相关单位之间的互评；职工代表、党风廉政监督员的评价等。

5. 具体考核内容和考核标准可结合实际情况制定。

（四）工程管理考核

国家级水管单位依据水利部《水利工程管理考核办法》，江苏省水管单位依据《江苏省水利工程管理考核办法》开展考核工作。

三、考核主要流程

考核流程一般为听取汇报、查看现场、查阅资料、部门质询、讨论评议、考核赋分、确定等次、通报结果等。

第二节　职工实绩考核

参照《事业单位人事管理条例》《江苏省事业单位工作人员考核实施办法（试行）》等有关规定，管理单位应明确岗工作标准，以职工的岗位职责和所承担的工作任务为依据，及时了解职工“德、能、勤、绩、廉”日常表现，重点考核工作实绩，考核可分为平时考核、年度考核等，考核结果可以分为优秀、合格、基本合格和不合格等档次。

一、岗位工作标准

1. 工程管理单位要根据工作实际和岗位职责分工对各岗位人员提出具体的工作标准和要求。

2. 岗位工作标准主要包括所长工作标准、副所长工作标准、技术管理岗工作标准、闸门运行工班长工作标准、大坝安全监测管理岗工作标准等。

水库岗位工作标准参考示例如下。

所长工作标准

1. 做好工程运行管理，随时掌握工程运行情况，每周不定期对工程管理情况抽查不少于 2 次。

2. 建立健全管理制度和考核机制，单位管理制度完善、工作分工明确、奖惩措施到位。

3. 及时准确地传达上级有关会议精神，检查各岗位工作的完成情况及规章制度执行情况。

4. 认真组织开展工程汛前、汛后检查及日常巡查工作，组织做好工程检查观测工作。制定、完善防洪预案及反事故预案，加强预案的演练。

5. 结合工程实际情况，组织制订切实可行的设备养护和维修计划，按上级批复意见及时组织实施，并按要求进行管理和验收。

6. 建立安全生产责任制，抓好职工安全教育培训，定期进行安全生产检查，组织建立安全生产档案，防止发生人为安全事故。

7. 注重科技创新，积极开展技术革新、科学研究，重视管理机制和内部管理体制创新，不断提高工程管理水平。

8. 组织做好安全保卫、环境管理、精神文明创建等工作。

9. 服从安排，保质、保量，按时完成上级交办的临时性工作。

副所长工作标准

1. 执行工程调度指令，及时组织完成操作任务。

2. 负责制定、完善各项规章制度，并检查执行情况。

3. 负责做好工程汛前、汛后检查，检查日常巡查工作情况，组织开展工程检查观测工作。

4. 负责制定单位考核办法、评分标准，并协助所长具体抓好绩效考核工作。

5. 根据设备运行情况，提出工程维修意见，组织工程的维护、检修、抢修工作。制定相关工程预案。

6. 审核养护维修项目的预算、实施计划并组织实施，协助组织做好验收和财务结算。

7. 根据单位实际情况，合理制订年度职工培训计划，并认真组织执行，培训信息反馈及时，档案资料齐全。

8. 制订技术革新、科学研究计划，参与推进管理机制和内部管理体制创新。

9. 协助所长做好安全生产、环境管理、精神文明创建等工作。

10. 服从安排，保质、保量，按时完成所长交办的临时性工作。

技术管理岗工作标准

1. 按工程实际制订日常养护及维修工程项目初步计划，制定实施方案、开工报告及预算等，报所领导审核后上报上级主管部门审批。

2. 按相关规定严格对设施设备养护维修工程的质量和实施情况进行检查和监督。

3. 协助所领导做好汛前、汛后及日常工程巡查检查工作，认真开展工程观测工作。

4. 及时编报检查报告、养护维修资料、各项报表等。

5. 做好工程技术资料的收集、整理和档案保管工作。

6. 协助所领导制订技术革新、科学研究计划，参与推进管理机制和内部管理体制创新。

7. 个人办公用品摆放整齐有序，办公环境整洁。

8. 注重业务学习，服从安排，保质、保量，按时完成所领导交办的临时性工作。

闸门运行工班长工作标准

1. 检查本班人员完成设备的日常维护保养和清洁情况。

2. 接受所领导下达的操作指令，并组织实施。

3. 不定时巡查工作现场，检查本班组规章制度执行情况，检查审阅各种记录填写情况，掌握设备运行情况。

4. 组织进行设备检修保养，协助做好电气预防性试验；监督本班组检修保养过程中安全管理规程执行情况；协助组织突发设备事故抢险。

5. 协助所领导按时做好月度、季度的绩效考核工作。

6. 协助所领导开展职工业务培训工作。

7. 个人办公用品摆放整齐有序,办公环境整洁。

8. 服从安排,保质、保量,按时完成所领导交办的临时性工作。

大坝安全监测管理岗工作标准

1. 遵守国家有关大坝安全管理方面的法规和技术标准。

2. 承担大坝安全监测的管理工作,处理监测中出现的技术问题。

3. 承担大坝安全监测资料整编和分析工作,并提出工程运行状况报告。

4. 参与大坝安全鉴定工作。

5. 参与工程设施事故的调查处理,提出技术分析意见。

6. 完成领导交办的其他工作。

二、职工平时考核参考做法

1. 宜按单位负责人、专业技术人员和工勤技能人员分类进行考核。其中单位负责人由上级主管部门考核,其他人员由本单位组织考核。一般每月或每季度进行一次。

2. 职工平时考核指标由共性指标和个性指标构成。共性指标包括政治素质、职业道德、工作作风、廉洁自律、出勤情况等。个性指标包括工作数量、质量、效率以及成效和业务能力等。

3. 考核程序一般包括阶段目标任务确定、个人工作小结、审核评鉴、成果反馈、结果公示等。

4. 考核结果可分为好、较好、一般和较差 4 个等次。等次为好的职工人数宜控制在参加平时考核同类人员数量的 30%以内。

三、职工年度考核参考做法

年度考核是对职工全年工作实绩的综合评价,将平时考核作为重要参考,如:当年平时考核结果等次为好的累计 3 次及以上的,年度考核可以优先确定为优秀等次;当年平时考核结果有一般、较差等次的,年度考核不得确定为优秀等次;当年平时考核结果一般、较差等次累计 3 次及以上的,年度考核应确定为基本合格或不合格等次;当年平时考核结果均为较差等次的,年度考核直接确定为不合格等次。

第三节 激励措施

管理单位应坚持精神鼓励与物质奖励相结合,建立奖惩激励制度,依据各类考核结果给予相应的奖惩。对考核结果优秀的单位和个人予以表彰奖励,对考核结果较差的单位和个人予以必要处罚。

一、奖励措施参考做法

1. 设立汛前准备专项奖、工程管理日常考核奖、综合考核奖等奖项。可根据考核结果对不同等次奖项分别进行奖励；对个人根据平时和年度考核情况，对考核结果等次为好的职工，以适当方式予以表扬和奖励，设立考核优秀等次、优秀党员、先进工作(生产)者、工程管理先进个人、安全生产先进个人等奖项，进行表彰奖励。

2. 对通过水利部、省级水利工程管理考核验收的单位，给予单位和职工相应的奖励。

3. 对先进个人颁发荣誉证书，其事迹记入个人档案。

4. 先进个人在人才培养、职称评审、职务晋升、岗位聘用等方面享受优先条件或加分项。

二、处罚措施参考做法

1. 对部、省级水利工程管理单位复审不合格或被取消原达标等级的单位，当年不得评为先进单位，单位领导不得评为先进个人，并对责任人进行责任追究。

2. 工程单位当出现执行上级调度指令不力、发生安全责任事故、违规使用工程经费或违反国家法律法规等情形，视情节对单位和责任人进行处罚，直至追究法律责任。

3. 对平时考核结果为一般等次的职工，及时谈话提醒；对平时考核结果为较差等次的职工，加以批评教育。发现的违纪违法问题，按照有关纪律和法律法规处理。

4. 对个人年度考核结果为基本合格或不合格的，视情节给予批评教育和相应处罚，情节严重的给予警告、记过、降低岗位等级或者撤职、开除等处分。

第四节　精细化管理评价

为加强水库工程精细化管理，科学评价工程精细化管理水平，依据《江苏省水利工程精细化管理考核评价办法》开展精细化管理评价工作。

一、评价内容

水库工程精细化管理内容包括管理任务、管理标准、管理流程、管理制度、内部考核、信息平台、管理成效等方面的评价。

二、评价组织

水利工程精细化管理按照分级管理原则进行评价验收，市(县)所属管理单位精细化管理工作由设区市水行政主管部门组织评价验收，并接受省水利厅检查监督；省水利厅直属管理单位精细化管理工作由省水利厅或其委托单位组织评价验收。

三、评价标准

1. 水库工程精细化管理评价实行 1 000 分制，管理任务评价 140 分，管理标准评价 120 分，管理流程评价 160 分，管理制度评价 90 分，内部考核评价 90 分，信息平台评价 100 分，管理成效评价 300 分。管理单位和各级水行政主管部门依据评价标准进行赋分。

2. 水库工程精细化管理通过验收，评价结果总分应达到 850 分，且其中各大类得分率应不低于 80%。

四、评价验收

1. 申请验收的管理单位应具备以下基本条件。

(1) 工程通过竣工验收，设施完好，无重大安全隐患。

(2) 通过省级及以上水利工程管理单位考核验收。

(3) 制订了精细化管理方案和年度目标计划；按计划实施了细化任务、落实责任、明晰标准、规范流程、完善制度和绩效管理等精细化管理相关工作；建立了信息化管理平台；精细化管理工作成效显著。

2. 管理单位应积极开展水利工程精细化管理工作，自评结果符合验收条件的，可向上级主管部门申请验收。

3. 水利工程精细化管理评价验收程序。

(1) 验收组织单位成立专家组，负责水利工程精细化管理评价工作。

(2) 评价工作主要包括：听取管理单位工作汇报，现场实地考察，查阅有关文件资料，专家质询、讨论、赋分等。

(3) 专家组根据相关资料和现场考察情况，对申报单位精细化管理工作进行综合评价，提出存在问题和整改意见，出具评价报告，提出能否通过水利工程精细化管理验收的建议。

4. 验收组织单位将评价报告报省水利厅，在江苏水利厅网站公示 7 天且无异议后，由省水利厅批准公布。

五、后续管理

1. 对通过水利工程精细化管理验收的管理单位，各级水行政主管部门应结合省级水利工程管理单位复核和年度考核时进行检查。

2. 通过水利工程精细化管理验收的管理单位，凡出现以下情况之一的，予以取消。

(1) 精细化管理成效差。

(2) 被取消省级及以上水利工程管理单位资格。

(3) 发生较大及以上安全生产责任事故。

(4) 发生其他造成社会不良影响的重大事件。

第七章　管理平台

随着互联网、物联网、大数据、云计算等为代表的信息技术的迅猛发展，信息化、智能化建设已成为新时期水利工程管理的重要任务，管理单位要利用先进的信息化技术手段推进工程管理信息化、智能化，改变工程管理方式，提升管理效能，让管理工作落实更到位、调度控制更精准、过程管控更规范、信息掌握更及时、成效评价更便捷，提升现代化管理水平。

管理单位应基于现代信息技术和水利工程管理发展新形势，结合水库工程管理特点和实际需求，将信息化与精细化深度融合，重点围绕业务管理、安全监测监控两大核心板块，构建安全、先进、实用的信息化管理平台。平台建设要紧扣精细化管理的任务、标准、流程、制度、考核等重点环节，体现系统化、全过程、留痕迹、可追溯的思路，形成完整的工作链、信息流，实行管理任务清单化、工作要求标准化、作业流程闭环化、档案资料数字化、成效监管实时化，以工程管理信息化促进精细化更有效、更快捷地落地和推广。

第一节　平台建设

信息化管理平台建设要紧密结合精细化管理的工作要求，满足工程调试运用、安全监测、设备设施管理、养护维修、项目管理、安全管理、档案资料、制度与标准、水政管理、任务管理、效能考核等方面的业务管理需要，力求具备较完整的水利工程管理信息化功能集，一般可设置综合事务、运行管理、检查监测、设备设施、安全管理、项目管理、水政管理等基本管理模块和移动客户端，具体模块和功能可视实际需求确定。

一、总体要求

1. 管理平台应符合网络安全分区分级防护的要求，一般将工程监测监控系统和业务管理系统布置在不同网络区域。

2. 管理平台要采用当今运用成熟、先进的信息技术方案，功能设置和内容要素符合水利工程管理标准和规定，能适应当前和未来一段时期的使用需求。

3. 管理平台要紧密结合水库工程业务管理特点，客户端符合业务操作习惯。系统具有清晰、简洁、友好的中文人机交互界面，操作简便、灵活、易学易用，便于管理和维护。

4. 管理平台各功能模块以工作流程为主线，实现闭环式管理。不同的功能模块间相关数据应标准统一、互联共享,减少重复台账。

二、基本功能

1. 综合事务。该模块是除主要管理业务以外,以管理任务落实与绩效考核为主的综合性模块,重在保证各项业务工作能有效开展。可设置管理任务、教育培训、制度与标准、档案管理、绩效考核等功能项。

(1) 管理任务功能项可将管理任务进行细化分解,落实到岗到人,并进行主动提醒,对完成情况跟踪监管,提高工作的执行力。

(2) 教育培训功能项可制订培训计划并上报,记录培训台账,对培训工作进行总结评价,也可为个人业绩考核提供参考。

(3) 制度与标准功能项可录入查询规章制度、工作标准、工作手册、作业指导书等,供学习执行,也要反映制度与标准的修订、审批过程信息。

(4) 档案管理功能项按照档案管理分类,对本系统形成的电子台账进行档案管理、查阅,与数字化档案系统对接。按照科技档案分类,对系统形成的电子台账进行管理,提供查询功能。对经审核合格的档案录入单位数字化档案管理系统。

(5) 绩效考核功能项可进行单位(部门)效能考核和个人绩效考核,记录考核台账,单位管理成效、个人工作业绩可调取系统其他模块信息提供评价参考。

2. 运行管理。运行管理的主要任务是根据上级下达的调度指令,进行分解细化和组织实施,并做好值班管理、两票管理等工作,保证工程正常运行,及时准确执行上级下达的调度指令。可设置调度管理、操作记录、值班管理、两票管理、运行日志等功能项。

(1) 调度管理功能项可实现调度指令下发、执行,能够记录、跟踪调度指令的流转和执行过程,并能够与监控系统的调令执行操作进行关联与数据共享。

(2) 操作记录功能项可对调度指令下达、操作执行、结束反馈等全过程信息进行汇总、统计与查询。在监测监控系统中执行操作流程,在业务管理系统中调取监测监控系统操作记录和运行数据,并与调度指令执行记录一并进行汇总、查询。

(3) 值班管理功能项可以自动对班组进行排班,实现班组管理、生成排班表、值班记事填报、值班提醒、交接班管理等。

(4) 两票管理功能项可实现工作票的自动开票和自动流转,用户可对工作票进行执行、作废、打印等操作,并自动对已执行和作废的工作票进行存根,便于统计分析。并可对操作票链接查询。

(5) 运行日志功能项可实现业务管理系统与监控系统主要运行参数、控制操作自动链接录入,将工程各类数据录入运行日志及相关运行报表,便于系统查询与相关功能模块的链接引用。

3. 检查监测。重点是通过工程移动巡检、监测成果自动整编等方式,及时掌握工程动态信息,发现、处理存在问题。工程检查按照重要性、不同阶段及不同工况分别确定相应的检查周期和内容,强调重点部位、汛期、运行期的工程检查。安全监测主要是对测量任务的明确落实和测量数据自动整编、成果应用。可设置日常检查、定期检查、试验检测、专项检查、工程观测等功能项。

（1）日常检查功能项按照日常巡查、经常检查不同的工作侧重点，主要采用移动巡检的方式进行，预设检查线路、内容、时间，任务可自动或手动下达给检查人员，对执行情况进行统计查询。对发现的问题提交相应处置模块。

（2）定期检查功能项可编制任务并下达给相应检查人员，检查人员按定期检查要求执行交办的检查任务，并将检查结果录入系统、形成报告，对存在的问题进行处理，如需检修可执行相应功能模块。

（3）试验检测功能项可录入查看工程年度预防性试验、日常绝缘检测、防雷检测、特种设备检测等试验检测的统计情况，并对历年数据进行统计分析。对试验发现的问题可提交处理并查询处理结果。

（4）专项检查功能项可根据所遭受灾害或事故的特点来确定检查内容，参照定期检查要求进行，重点部位应进行专门检查、检测或专项安全鉴定。对发现的问题应进行分析，制定修复方案并上报。

（5）工程观测功能项主要包括观测任务、仪器设备、监测成果和问题处置等，将垂直位移监测、水平位移监测、渗流监测、水文气象监测、伸缩缝测量等原始观测数据导入系统，由系统自动计算，生成各观测项目的成果表、成果图，并能以可视化方式展示查询。

4. 设备设施。机电设备和水工建筑物管理是工程业务管理的重点，将设备设施进行管理单元划分和编码，以编码作为识别线索，进行全生命周期管理，并设置对应二维码进行扫描查询。可设置基础信息、设备管理、建筑物管理、缺陷管理、备品备件等功能项。

（1）基础信息功能项主要包括设备设施编码、技术参数、二维码和工程概况、设计指标等。编码作为设备设施管理的唯一身份代码，设备设施全生命周期管理信息都可通过编码或对应的二维码进行录入查询。

（2）设备管理功能项重点是建立设备管理台账，记录和提供设备信息，反映设备维护的历史记录，为设备的日常维护和管理提供必要的信息，一般包括设备评级、设备检修历史、设备变化、备品备件、设备台账查询等内容。

（3）缺陷管理功能项可对工程发现的缺陷按流程进行规范处置，形成全过程台账资料。积累缺陷管理资料和信息，统计分析缺陷产生原因，有利于采取预防和控制对策。

（4）备品备件功能项主要适用于备品备件的采购、领用及存放管理，制定备品备件合理的安全库存，将备品备件和材料的申请、采购、领用进行流程化管理。可以实时查询调用备品备件的所有信息。

5. 安全管理。安全管理遵循安全生产法规，结合安全生产标准化建设的要求，主要从目标职责、现场管理、隐患排查治理、应急管理、事故管理等方法设置功能项，部分内容可链接生产运行、检查观测、设备设施、教育培训等功能模块信息，形成全过程管理台账，对问题隐患进行统计查询、警示提醒和处置跟踪。

6. 项目管理。按照省水利工程维修养护项目管理相关规定，注重实施的计划性、规范性、及时性。针对计划申报、批复实施、项目采购、合同管理、施工管理、方案变更、中间验收、决算审核、档案专项验收、竣工验收、档案管理等方面工作，可设置项目下达、实施方案、实施准备、项目实施、验收准备、项目验收等功能项，实现全过程全方位的管理监督，可实时了解工程形象进度、经费完成情况和工作动态信息，实现网络审批，查询历史记录，提高项目管理效率。

7. 水政管理(库区管理)。主要包括队伍管理、划界确权、执法巡查、涉水监管和普法宣传等功能项,要形成日常工作记录台账,通过 GIS 地图查看工程管理范围线及桩(牌)矢量布置图、实地埋设的界桩、界牌、告示牌等已知点地理坐标信息,同时,对工程管理范围进行移动巡查,并记录违法违章事件处置全过程资料。

8. 移动客户端。为便于信息的及时发布查询,开发手机 APP 移动客户端,推送工程运行信息、工作任务提醒、工作实时动态、异常情况预警等。

第二节　平台管护

一、应用管理

1. 管理平台应由被授权人员进行操作、维护和管理,不得进行与运行管理无关的工作。

2. 加强平台的应用,发挥好平台的作用。及时录入台账资料,发现数据异常及时分析处理,保证信息的准确性。

3. 定期对电子台账和数据备份。

4. 根据运行管理条件和要求的变化,及时升级信息化平台。

二、安全防护

1. 工程监控系统应实行专网封闭管理,与外部系统物理隔离。

2. 明确管理平台运维管理和网络安全责任主体,规范开展运维工作,保持系统安全稳定运行。

3. 按照网络安全等级保护的要求,开展等级测评和安全防护工作。

附 录

附录 A 调度运用相关记录表式

附表 1 水库调度记录表

<table>
<tr><td>工程名称</td><td colspan="5"></td></tr>
<tr><td>时间</td><td>发令单位</td><td>受令单位
记录人</td><td>调度指令主要内容</td><td>执行情况</td><td>备注</td></tr>
<tr><td>年 月 日
时 分</td><td></td><td></td><td></td><td></td><td></td></tr>
<tr><td>年 月 日
时 分</td><td></td><td></td><td></td><td></td><td></td></tr>
<tr><td>年 月 日
时 分</td><td></td><td></td><td></td><td></td><td></td></tr>
</table>

附表 2 水库值班记录表

<table>
<tr><td>值班时间</td><td colspan="2"></td><td colspan="2">接班时间</td><td colspan="2"></td></tr>
<tr><td>天气</td><td colspan="2"></td><td colspan="2">降雨量(mm)</td><td colspan="2"></td></tr>
<tr><td>水位(m)</td><td colspan="2"></td><td colspan="2">库容(万 m^3)</td><td colspan="2"></td></tr>
<tr><td>值班记录</td><td colspan="6"></td></tr>
<tr><td>交接班情况</td><td colspan="6"></td></tr>
<tr><td rowspan="2">交接班人员</td><td>交班人</td><td></td><td rowspan="2">接班人员</td><td>接班人</td><td colspan="2"></td></tr>
<tr><td>带班领导</td><td></td><td>带班领导</td><td colspan="2"></td></tr>
</table>

附表 3　水库调度运行操作命令票

<table>
<tr><td>操作票编号</td><td></td><td>填写日期</td><td>年　　月　　日</td></tr>
<tr><td>操作依据
（调度指令
主要内容）</td><td colspan="3"></td></tr>
<tr><td rowspan="3">操作前水情</td><td colspan="2">库区水位</td><td>m</td></tr>
<tr><td colspan="2">闸门开高</td><td>m</td></tr>
<tr><td colspan="2">流量</td><td>m³/s</td></tr>
<tr><td rowspan="4">操作任务</td><td colspan="2">开闸孔数</td><td>孔</td></tr>
<tr><td colspan="2">闸门开高</td><td>m</td></tr>
<tr><td colspan="2">相应流量</td><td>m³/s</td></tr>
<tr><td colspan="2">操作时间</td><td>时　　分</td></tr>
<tr><td>工程状况
检查要求</td><td colspan="3">1. 闸门上、下游的水位、流量、流态是否无异常；
2. 上、下游管理范围内是否无人员、牲畜、船只、漂浮物、施工作业等影响闸门安全运行操作的情况；
3. 闸门的开度是否在原定位置，门体是否无卡阻、变形等异常现象；
4. 启闭设备是否符合运行要求，机械转动部位润滑油是否充足，机械设备安全保护装置、数字显示仪表等是否完好；
5. 监控系统是否正常；
6. 送配电情况是否正常，电机是否正常，相序是否正确；
7. 冰冻季节闸门和止水橡皮是否无冻结现象；
8. 现场监护人员是否到位</td></tr>
<tr><td>发令、受令</td><td colspan="3">发令人（签字）：　　　　时间：　年　月　日　时　分
受令人（签字）：　　　　时间：　年　月　日　时　分</td></tr>
<tr><td>操作形式
（打“√”）</td><td colspan="3">远程控制□　　　　现地控制□　　　　其他□</td></tr>
<tr><td>备注</td><td colspan="3"></td></tr>
</table>

附表 4　闸门启闭记录

库水位：

<table>
<tr><td colspan="3">工程名称</td><td></td><td>第（　　）号</td><td>时间</td><td>年　月　日</td><td>天气</td></tr>
<tr><td colspan="3">闸门启闭依据</td><td colspan="5"></td></tr>
<tr><td rowspan="5">闸门启闭准备</td><td colspan="2">项目</td><td colspan="4">执行内容</td><td>执行情况</td></tr>
<tr><td colspan="2">确定开闸孔数和开度</td><td colspan="4">根据“始流时闸下安全水位-流量关系曲线”“闸门开高-水位-流量关系曲线”确定下列数值：
开闸孔数：　孔　闸门开度：　m
相应流量：　m³/s</td><td></td></tr>
<tr><td colspan="2">开闸预警</td><td colspan="4">预警方式(拉警报、电话联系、现场喊话)、预警时间</td><td></td></tr>
<tr><td colspan="2">上、下游有无漂浮物</td><td colspan="4">是否有、是何物、到闸口距离等，如何处理、结果如何</td><td></td></tr>
<tr><td colspan="2">送配电</td><td colspan="4"></td><td></td></tr>
<tr><td rowspan="5">闸门启闭情况</td><td colspan="2">闸门启闭时间</td><td colspan="5">时　分起 ～ 时　分止</td></tr>
<tr><td colspan="2">闸孔编号</td><td colspan="5"></td></tr>
<tr><td colspan="2">启闭顺序</td><td colspan="5"></td></tr>
<tr><td rowspan="2">闸门开高(m)</td><td>启闭前</td><td colspan="5"></td></tr>
<tr><td>启闭后</td><td colspan="5"></td></tr>
<tr><td rowspan="4">水位(m)</td><td colspan="2">启闭前</td><td colspan="2">上游</td><td colspan="3">下游</td></tr>
<tr><td colspan="2"></td><td colspan="2"></td><td colspan="3"></td></tr>
<tr><td colspan="2">启闭后</td><td colspan="2">上游</td><td colspan="3">下游</td></tr>
<tr><td colspan="2"></td><td colspan="2"></td><td colspan="3"></td></tr>
<tr><td colspan="3">流态、闸门震动等情况</td><td colspan="5"></td></tr>
<tr><td colspan="8">启闭流量：　m³/s</td></tr>
<tr><td colspan="3">发现问题及处理情况</td><td colspan="5"></td></tr>
<tr><td colspan="5">闸门启闭现场负责人：</td><td colspan="3">操作/监护人：</td></tr>
</table>

附表5　水库调度运行记录表

<table>
<tr><td colspan="2">工程名称</td><td></td><td>时间</td><td>年　月　日</td><td>天气</td><td></td></tr>
<tr><td colspan="3">闸门启闭依据(操作票编号)</td><td colspan="4"></td></tr>
<tr><td rowspan="6">闸门启闭准备</td><td rowspan="3">确认操作要求</td><td>开闸孔数</td><td>孔</td><td>操作时间</td><td colspan="2">时　分</td></tr>
<tr><td>闸门开高</td><td>m</td><td>相应流量</td><td colspan="2">m^3/s</td></tr>
<tr><td>操作形式(打"√")</td><td colspan="4">远程控制□　现地控制□　其他□</td></tr>
<tr><td rowspan="2">开闸预警</td><td>预警方式</td><td>预警对象</td><td colspan="3">预警时间</td></tr>
<tr><td></td><td></td><td colspan="3"></td></tr>
<tr><td>工程状况检查(打"√")</td><td colspan="5">1. 闸门上、下游的水位、流量、流态是否无异常(是□,否□)
2. 上、下游管理范围内是否无人员、牲畜、船只、漂浮物、施工作业等影响闸门安全运行操作的情况(是□,否□)
3. 闸门的开度是否在原定位置,门体是否无卡阻、变形等异常现象(是□,否□)
4. 启闭设备是否符合运行要求,机械转动部位润滑油是否充足,机械设备安全保护装置、数字显示仪表等是否完好(是□,否□)
5. 监控系统是否正常(是□,否□)
6. 送配电情况是否正常,电机是否正常,相序是否正确(是□,否□)
7. 冰冻季节闸门和止水橡皮是否无冻结现象(是□,否□)
8. 现场监护人员是否到位(是□,否□)</td></tr>
<tr><td rowspan="5">闸门启闭情况</td><td colspan="2">闸门启闭时间</td><td colspan="4">时　分起～　时　分止</td></tr>
<tr><td colspan="2">闸孔编号</td><td colspan="4"></td></tr>
<tr><td colspan="2">启闭顺序</td><td colspan="4"></td></tr>
<tr><td rowspan="2">闸门开高(m)</td><td>启闭前</td><td colspan="4"></td></tr>
<tr><td>启闭后</td><td colspan="4"></td></tr>
<tr><td rowspan="4">水位(m)</td><td colspan="2">启闭前</td><td colspan="2">上游</td><td colspan="2">下游</td></tr>
<tr><td colspan="2"></td><td colspan="2"></td><td colspan="2"></td></tr>
<tr><td colspan="2">启闭后</td><td colspan="2">上游</td><td colspan="2">下游</td></tr>
<tr><td colspan="2"></td><td colspan="2"></td><td colspan="2"></td></tr>
<tr><td colspan="3">流态(打"√")</td><td colspan="2">紊乱□</td><td colspan="2">平顺□</td></tr>
<tr><td colspan="3">闸门震动(打"√")</td><td colspan="2">剧烈□</td><td colspan="2">平稳□</td></tr>
<tr><td colspan="3">流量(m^3/s)</td><td colspan="2">启闭前:</td><td colspan="2">启闭后:</td></tr>
<tr><td colspan="3">发现问题及处理情况</td><td colspan="4"></td></tr>
<tr><td colspan="4">监护人:</td><td colspan="3">操作人:</td></tr>
</table>

附表 6　柴油发电机运转记录

<table>
<tr><td>工程名称</td><td colspan="5"></td><td>时间</td><td colspan="2">年　月　日</td></tr>
<tr><td>开机起止时间</td><td colspan="8">日　时　分起～　日　时　分止</td></tr>
<tr><td>用途</td><td colspan="8"></td></tr>
<tr><td>开机后</td><td>冷却
温度</td><td>机油
压力</td><td>交流
电压</td><td>交流
电流</td><td>直流
电压</td><td>直流
电流</td><td>功率
因素</td><td>频率或
转速</td></tr>
<tr><td>时　分</td><td></td><td></td><td></td><td></td><td></td><td></td><td></td><td></td></tr>
<tr><td>时　分</td><td></td><td></td><td></td><td></td><td></td><td></td><td></td><td></td></tr>
<tr><td>时　分</td><td></td><td></td><td></td><td></td><td></td><td></td><td></td><td></td></tr>
<tr><td>时　分</td><td></td><td></td><td></td><td></td><td></td><td></td><td></td><td></td></tr>
<tr><td>时　分</td><td></td><td></td><td></td><td></td><td></td><td></td><td></td><td></td></tr>
<tr><td>时　分</td><td></td><td></td><td></td><td></td><td></td><td></td><td></td><td></td></tr>
<tr><td>本次运转时间</td><td colspan="3">时　分</td><td colspan="3">累计运转时间</td><td colspan="2">时　分</td></tr>
<tr><td>柴油检查</td><td colspan="3"></td><td colspan="3">机油检查</td><td colspan="2"></td></tr>
<tr><td>值班机工</td><td colspan="3"></td><td colspan="3">值班电工</td><td colspan="2"></td></tr>
<tr><td>发现问题及
处理意见</td><td colspan="8"></td></tr>
</table>

记录：　　　　　　　　　　　　校核：

附表 7　配电房操作记录

工程名称		时间	年　月　日
停电操作		送电操作	
停电操作原因		送电操作原因	
分照明负荷开关		合高压跌落式熔断器	
分照明隔离刀闸		合低压隔离刀闸	
分动力负荷开关		合低压进线开关	
分动力隔离刀闸		合双掷开关	
分双掷开关		合动力负荷刀闸	
分低压进线开关		合动力负荷开关	
分低压隔离刀闸		合照明隔离刀闸	
分高压跌落式熔断器		合照明负荷开关	
停电操作时间： 月　日　时　分		送电操作时间： 月　日　时　分	
操作人		操作人	
监护人		监护人	
安全措施			
备注			

附录 B 工程检查相关记录表式

附表 8 大坝巡查记录表

检查时间	月 日	库水位	m	天气	晴□阴□雨□雪□
检查内容与情况					
防浪墙	开裂:无□ 有□	错断:无□ 有□	倾斜:无□ 有□		
坝顶	裂缝:无□ 有□	变形:无□ 有□	积水或植物滋生:无□ 有□		
迎水坡	裂缝:无□ 有□	塌坑:无□ 有□	凹陷:无□ 有□	隆起:无□ 有□	
	护坡:完整□ 破坏□	植物滋生:无□ 有□	其他(如滑坡等):		
背水坡	裂缝:无□ 有□	塌坑、凹陷、隆起:无□ 有□	草皮护坡完整:是□ 否□		
	异常渗水:无□ 有□	植物滋生:无□ 有□	白蚁迹象:无□ 有□		
	动物洞穴:无□ 有□	排水体:完整□ 破损□	其他(如漏水声、滑坡等):		
坝趾区	窨潮、渗水:无□ 有□	冒水、渗水坑:无□ 有□	渗透水浑浊度:清□ 浊□		
	植物滋生:无□ 有□	其他:			
两坝端(坝体与岸坡连接处)	裂缝:无□ 有□	隆起:无□ 有□	错动:无□ 有□		
	渗水现象:无□ 有□	排水沟堵塞:无□ 有□	岸坡滑动迹象:无□ 有□		
	白蚁迹象:无□ 有□	动物洞穴:无□ 有□	其他:		
溢洪闸(道)	杂物堆积:无□ 有□	障碍物:无□ 有□	边墙完整:是□ 否□		
	靠坝边墙稳定:是□ 否□	消能设施完整:是□ 否□	岸坡危岩崩塌:无□ 有□		
输水涵(洞)、虹吸管	出口渗漏:无□ 有□	进口水面冒泡:无□ 有□			
	其他:				
金属结构、启闭设备	闸门结构完整:是□ 否□	止水完好、无漏水:是□ 否□			
	锈蚀情况:无□一般□ 严重□	试运行情况(若有):正常□ 异常□			
电气设施	线路接通:是□ 否□	备用电源完好:是□ 否□			
	试运行情况(若有):正常□ 异常□	其他:			
近坝水面	冒泡、漩涡等:无□ 有□	其他:			
监测设施	监测设施完好:是□ 否□	正常观测:是□ 否□			

续表

管理设施	管理房完好:是□ 否□	标志牌清晰、完整:是□ 否□
	坝区通信状况良好:是□ 否□	防汛道路通畅:是□ 否□
坝区	违建、侵占:无□ 有□	倾倒垃圾:无□ 有□
异常情况记录		
异常情况处置	处理措施: 报告对象: 报告时间: 报告方式:电话□ 书面□	
巡查人员	(签名)	

附表 9 经常检查记录表

日期:________年______月____ 日 库水位:______ m 天气:________________

检查人员:(签字)______________

检查部位		损坏或异常情况及处理情况				
		渗水(桩号高程等位置、范围、渗流量、浑浊度等)	裂缝(位置、走向、长度、宽度、深度等)	白蚁(位置、迹象等)	其他损坏或异常情况	处理情况
坝体	坝顶					
	迎水坡					
	近坝水面					
	背水坡					
	坝趾					
	排水系统					
	反滤排水设施					
坝基和坝区	坝基					
	两岸坝端					
	坝端岸坡					
	排水设施					
	护坝地					
涵洞	引水段					
	竖井					
	出口段					
	消能设施					
	工作桥					

续表

<table>
<tr><th colspan="2" rowspan="2">检查部位</th><th colspan="5">损坏或异常情况及处理情况</th></tr>
<tr><th>渗水(桩号高程等位置、范围、渗流量、浑浊度等)</th><th>裂缝(位置、走向、长度、宽度、深度等)</th><th>白蚁(位置、迹象等)</th><th>其他损坏或异常情况</th><th>处理情况</th></tr>
<tr><td rowspan="9">溢洪闸(道)</td><td>进水段</td><td rowspan="9"></td><td rowspan="9"></td><td rowspan="9"></td><td rowspan="9"></td><td rowspan="9"></td></tr>
<tr><td>闸室段</td></tr>
<tr><td>出口段</td></tr>
<tr><td>消能设施</td></tr>
<tr><td>工作桥</td></tr>
<tr><td>交通桥</td></tr>
<tr><td>闸门</td></tr>
<tr><td>启闭机</td></tr>
<tr><td>溢洪河</td></tr>
<tr><td rowspan="10">其他</td><td>观测设施</td><td colspan="5"></td></tr>
<tr><td>照明设施</td><td colspan="5"></td></tr>
<tr><td>通信设施</td><td colspan="5"></td></tr>
<tr><td>安全防护设施</td><td colspan="5"></td></tr>
<tr><td>防雷设施</td><td colspan="5"></td></tr>
<tr><td>警示标志</td><td colspan="5"></td></tr>
<tr><td>备用电源</td><td colspan="5"></td></tr>
<tr><td>防汛仓库</td><td colspan="5"></td></tr>
<tr><td>防汛道路</td><td colspan="5"></td></tr>
<tr><td>其他</td><td colspan="5"></td></tr>
<tr><td>库区</td><td>违法、违章行为情况</td><td colspan="5"></td></tr>
<tr><td>处理措施</td><td colspan="6"></td></tr>
</table>

注:检查部位可根据水库实际增减。

附表 10　土石坝定期检查汇总表

部位名称	工作现状及存在问题	结论
坝顶坝端		
坝坡		
坝区		
排水导渗设施		
安全监测设施		
白蚁防治		
其他		

附表 11　涵闸土建定期检查汇总表

部位名称	工作现状及存在问题	结论
闸墩		
底板		
启闭机房		
控制室		
上引水段		
上、下游翼墙		
上、下游护坡		
交 通 桥		
工作便桥		
伸 缩 缝		
其他		

附表 12　闸门定期检查汇总表

部位名称	工作现状及存在问题	结论
承重部分		
行走支承系统		
门叶止水		
油漆保护		
其他		

附表 13　启闭机定期检查汇总表

部位名称	工作现状及存在问题	结论
电气部分		
传动部分		
制动器		
机架		
吊具		
防腐		
其他		

附表 14　变压器定期检查汇总表

部位名称	工作现状及存在问题	结论
变压器本体		
桩头及引线		
变压器油		
油枕		
防腐		
绝缘		
接地		
其他		

附表 15　配电系统定期检查汇总表

部位名称	工作现状及存在问题	结论
柜体		
隔离刀闸		
开关		
互感器		
熔断器		
二次线路		
接地		
其他		

附表 16　柴油发电机定期检查汇总表

部位名称	工作现状及存在问题	结论
柴油机		
发电机		
蓄电池		
防腐		
绝缘		
接地		
其他		

附表 17　大坝及库区定期检查记录表

日期：________年______月______日　　　　库水位：______ m　　　　天气：______________

检查人员：(签字)______________

检查部位		损坏或异常情况、处理情况				
		渗水(桩号高程等位置、范围、渗流量、浑浊度等)	裂缝(位置、走向、长度、宽度、深度等)	白蚁(位置、迹象等)	其他损坏或异常情况	处理情况
坝体	坝顶					
	迎水坡					
	近坝水面					
	背水坡					
	坝趾					
	排水系统					
	反滤排水设施					
坝基和坝区	坝基					
	两岸坝端					
	坝端岸坡					
	坝趾近区					
	排水设施					
	护坝地					
涵洞	引水段					
	竖井					
	洞身					
	出口段					
	消能设施					
	工作桥					

续表

检查部位		损坏或异常情况、处理情况				
		渗水(桩号高程等位置、范围、渗流量、浑浊度等)	裂缝(位置、走向、长度、宽度、深度等)	白蚁(位置、迹象等)	其他损坏或异常情况	处理情况
溢洪闸(道)	进水段					
	闸室段					
	出口段					
	消能设施					
	工作桥					
	交通桥					
	闸门					
	启闭机					
	溢洪河					
其他	观测设施					
	照明设施					
	通信设施					
	安全防护设施					
	防雷设施					
	警示标志					
	备用电源					
	防汛仓库					
	防汛道路					
	其他					
库区	违法、违章行为情况					
处理措施						

注:检查部位可根据水库实际增减。

附表 18　闸门定期检查记录表

工程名称		时间	年　月　日

闸孔编号：　　　　闸门结构：　　　　闸门型式：

<table>
<tr><td rowspan="17">查定内容</td><td colspan="2">分部名称</td><td>工程现状及存在问题</td><td>检查结论</td><td>备注</td></tr>
<tr><td rowspan="4">承重部分</td><td>面板</td><td></td><td></td><td></td></tr>
<tr><td>梁系</td><td></td><td></td><td></td></tr>
<tr><td>吊耳座</td><td></td><td></td><td></td></tr>
<tr><td>支臂杆</td><td></td><td></td><td></td></tr>
<tr><td rowspan="4">行走支承系统</td><td>主侧滚轮</td><td></td><td></td><td></td></tr>
<tr><td>滑道滑块</td><td></td><td></td><td></td></tr>
<tr><td>门槽</td><td></td><td></td><td></td></tr>
<tr><td>其他</td><td></td><td></td><td></td></tr>
<tr><td rowspan="3">门叶止水</td><td>止水座</td><td></td><td></td><td></td></tr>
<tr><td>止水</td><td></td><td></td><td></td></tr>
<tr><td>其他</td><td></td><td></td><td></td></tr>
<tr><td rowspan="2">防腐</td><td>油漆保护</td><td></td><td></td><td></td></tr>
<tr><td>其他</td><td></td><td></td><td></td></tr>
<tr><td>设备评级</td><td colspan="4"></td></tr>
</table>

检查人：　　　　　　　　技术负责人：

附表 19　卷扬式启闭机械设备定期检查记录表

<table>
<tr><td colspan="3">工程名称</td><td></td><td>编号</td><td>时间</td><td>年　月　日</td></tr>
<tr><td colspan="3">设备名称</td><td></td><td colspan="2">设备编号</td><td></td></tr>
<tr><td colspan="3">规格型号</td><td></td><td colspan="2">安装日期</td><td></td></tr>
<tr><td colspan="3">检修保养周期</td><td></td><td colspan="2">检查日期</td><td></td></tr>
<tr><td rowspan="19">查定内容</td><td rowspan="7">电气部分</td><td>线路</td><td></td><td colspan="2">电机绝缘检查</td><td></td></tr>
<tr><td>开关</td><td></td><td rowspan="6">制动器</td><td>电磁线圈</td><td></td></tr>
<tr><td>接触器</td><td></td><td>制动器间隙</td><td></td></tr>
<tr><td>过流保护</td><td></td><td rowspan="2">制动瓦接触面积</td><td rowspan="2"></td></tr>
<tr><td>限位开关</td><td></td></tr>
<tr><td>安全接地</td><td></td><td>弹簧松紧度</td><td></td></tr>
<tr><td>仪表及指示灯</td><td></td><td>制动效果</td><td></td></tr>
<tr><td rowspan="2">减速机</td><td>引线连接检查</td><td></td><td colspan="2">油质油位</td><td></td></tr>
<tr><td>轴承、轴套润滑</td><td></td><td colspan="2">齿轮磨损</td><td></td></tr>
<tr><td rowspan="4">减速器</td><td>油质油位</td><td></td><td colspan="2">轴瓦、油杯润滑</td><td></td></tr>
<tr><td>齿轮磨损</td><td></td><td colspan="2">联轴器连接</td><td></td></tr>
<tr><td>密封情况</td><td></td><td colspan="2" rowspan="2">轴销螺栓及减震圈磨损</td><td rowspan="2"></td></tr>
<tr><td>箱体螺栓</td><td></td></tr>
<tr><td rowspan="4">钢丝绳</td><td>钢丝绳润滑</td><td></td><td colspan="2">绳与滚筒连接</td><td></td></tr>
<tr><td>有无断丝现象</td><td></td><td colspan="2" rowspan="2">滚筒压板松紧</td><td rowspan="2"></td></tr>
<tr><td>钢丝绳锈蚀情况</td><td></td></tr>
<tr><td>水下钢丝绳保护</td><td></td><td colspan="2">吊座连接</td><td></td></tr>
<tr><td>滑轮</td><td>定滑轮润滑、锈蚀、磨损现状</td><td></td><td colspan="2">平衡轮组润滑、锈蚀、磨损现状</td><td></td></tr>
<tr><td>设备评级</td><td colspan="5"></td></tr>
</table>

检查人：　　　　　　　　　　　　　　　　技术负责人：

附表 20　螺杆式启闭机械设备定期检查记录表

<table>
<tr><td colspan="2">工程名称</td><td colspan="2"></td><td>编号</td><td></td><td>时间</td><td>年　月　日</td></tr>
<tr><td colspan="3">设备名称</td><td colspan="2"></td><td>设备编号</td><td colspan="2"></td></tr>
<tr><td colspan="3">规格型号</td><td colspan="2"></td><td>安装日期</td><td colspan="2"></td></tr>
<tr><td colspan="3">检修保养周期</td><td colspan="2"></td><td>检查日期</td><td colspan="2"></td></tr>
<tr><td rowspan="14">查定内容</td><td rowspan="5">电气部分</td><td>线路</td><td colspan="2"></td><td rowspan="2">仪表及
指示灯</td><td colspan="2" rowspan="2"></td></tr>
<tr><td>开关</td><td colspan="2"></td></tr>
<tr><td>接触器</td><td colspan="2"></td><td>限位开关</td><td colspan="2"></td></tr>
<tr><td>过流保护</td><td colspan="2"></td><td>联轴器</td><td colspan="2"></td></tr>
<tr><td>电机绝缘检查</td><td colspan="2"></td><td>安全接地</td><td colspan="2"></td></tr>
<tr><td rowspan="3">减速机</td><td>引线连接</td><td colspan="2"></td><td>油质油位</td><td colspan="2"></td></tr>
<tr><td>轴承、轴套润滑</td><td colspan="2"></td><td>齿轮磨损</td><td colspan="2"></td></tr>
<tr><td>联轴器连接</td><td colspan="2"></td><td>轴销螺栓及减震圈磨损</td><td colspan="2"></td></tr>
<tr><td rowspan="4">启闭机构</td><td>机体状况</td><td colspan="2"></td><td>伞齿、盆齿间隙</td><td colspan="2"></td></tr>
<tr><td>轴承、轴套润滑</td><td colspan="2"></td><td>伞齿、盆齿磨损</td><td colspan="2"></td></tr>
<tr><td>丝杆弯曲状况</td><td colspan="2"></td><td rowspan="2">承重螺母
磨损状况</td><td colspan="2" rowspan="2"></td></tr>
<tr><td>轴承、轴套磨损</td><td colspan="2"></td></tr>
<tr><td>其他</td><td colspan="6"></td></tr>
<tr><td>设备评级</td><td colspan="6"></td></tr>
</table>

检查人：　　　　　　　　　　　　技术负责人：

附表 21　液压式启闭机械设备定期检查记录表

工程名称		编号		时间	年　月　日

设备名称				设备编号	
规格型号				安装日期	
检修保养周期				检查日期	
查定内容	电气部分	线路		仪表及指示灯	
		开关			
		接触器		限位开关	
		过流保护		安全接地	
	动力元件	电机绝缘检查		油泵状况	
	执行元件	油缸状况		活塞杆有无弯曲、锈蚀情况	
		油缸有无渗漏		密封圈有无拉毛、反边现象	
	控制元件	液压阀组状况		液压阀组有无渗漏	
		油箱有无渗漏		油箱油质、油位	
		管路有无渗漏		接头有无渗漏	
	其他	机械锁定是否可靠		吊座螺栓连接状况	
		导向轮是否灵活		行走轨道是否锈蚀	
		节杆状况			
	设备评级				

检查人：　　　　　　　　　　　　　　技术负责人：

附表 22　变压器定期检查记录表

<table>
<tr><td colspan="3">工程名称</td><td colspan="3"></td><td>时间</td><td>年　月　日</td></tr>
<tr><td colspan="3">设备名称</td><td colspan="5"></td></tr>
<tr><td colspan="3">规格型号</td><td colspan="2"></td><td>安装日期</td><td colspan="2"></td></tr>
<tr><td colspan="3">检修保养周期</td><td colspan="2"></td><td>试验周期</td><td colspan="2"></td></tr>
<tr><td colspan="3">检修保养日期</td><td colspan="2"></td><td>试验日期</td><td colspan="2"></td></tr>
<tr><td rowspan="13">查定内容</td><td rowspan="4">绝缘检查</td><td rowspan="2">检查部位</td><td colspan="5">检查数值</td></tr>
<tr><td>R15″(MΩ)</td><td>R60″(MΩ)</td><td>R60″/R15″(MΩ)</td><td>温度</td><td>湿度</td></tr>
<tr><td>高对低+地</td><td></td><td></td><td></td><td rowspan="2"></td><td rowspan="2"></td></tr>
<tr><td>低对高+地</td><td></td><td></td><td></td></tr>
<tr><td colspan="3">瓷套管有无裂纹、放电痕迹</td><td colspan="4"></td></tr>
<tr><td colspan="3">瓷套管处有无渗漏油现象</td><td colspan="4"></td></tr>
<tr><td colspan="3">电缆头是否完好，有无破损</td><td colspan="4"></td></tr>
<tr><td colspan="3">高、低压侧引线有无松动</td><td colspan="4"></td></tr>
<tr><td colspan="3">油位、油色是否正常</td><td colspan="4"></td></tr>
<tr><td colspan="3">硅胶是否更换或作干燥处理</td><td colspan="4"></td></tr>
<tr><td colspan="3">变压器整体渗漏检查与处理</td><td colspan="4"></td></tr>
<tr><td colspan="3">温度计是否完好，油温是否正常</td><td colspan="4"></td></tr>
<tr><td colspan="3">接地是否良好</td><td colspan="4"></td></tr>
<tr><td colspan="2">试验情况</td><td colspan="6"></td></tr>
<tr><td colspan="2">设备评级</td><td colspan="6"></td></tr>
</table>

检查人：　　　　　　　　　　　　　　　　技术负责人：

附表 23　柴油发电机组定期检查记录表

<table>
<tr><td colspan="3">工程名称</td><td colspan="2"></td><td>时间</td><td colspan="3">年　　月　　日</td></tr>
<tr><td colspan="3">设备名称</td><td colspan="2"></td><td>机组编号</td><td colspan="3"></td></tr>
<tr><td colspan="3">规格型号</td><td colspan="2"></td><td>功率</td><td colspan="3"></td></tr>
<tr><td colspan="3">安装日期</td><td colspan="2"></td><td>检验日期</td><td colspan="3"></td></tr>
<tr><td colspan="3">小修周期</td><td colspan="2"></td><td>试验日期</td><td colspan="3"></td></tr>
<tr><td colspan="3">大修周期</td><td colspan="2"></td><td>检验性质</td><td colspan="3"></td></tr>
<tr><td rowspan="12">查定内容</td><td rowspan="4">电机绝缘检查</td><td rowspan="3">定子线圈</td><td>R15″(MΩ)</td><td colspan="3"></td><td>温度</td><td>湿度</td></tr>
<tr><td>R60″(MΩ)</td><td colspan="3"></td><td rowspan="3"></td><td rowspan="3"></td></tr>
<tr><td>R60″/R15″(MΩ)</td><td colspan="3"></td></tr>
<tr><td>转子线圈</td><td colspan="4">A+　　Ω　　　C+　　Ω</td></tr>
<tr><td rowspan="5">滑环与碳刷检查</td><td colspan="2">滑环表面是否光洁</td><td colspan="5"></td></tr>
<tr><td colspan="2">碳刷与滑环接触情况</td><td colspan="5"></td></tr>
<tr><td colspan="2">刷握和刷架有无积垢</td><td colspan="5"></td></tr>
<tr><td colspan="2">励磁电源线与碳架连接情况</td><td colspan="5"></td></tr>
<tr><td colspan="2">转子引线与滑环连接情况</td><td colspan="5"></td></tr>
<tr><td>轴承检查</td><td>轴承润滑</td><td colspan="2"></td><td>轴承油质</td><td colspan="3"></td></tr>
<tr><td>外观检查</td><td colspan="7"></td></tr>
<tr><td colspan="3">处理结果</td><td colspan="6"></td></tr>
<tr><td colspan="3">设备评级</td><td colspan="6"></td></tr>
</table>

检查人：　　　　　　　　　　　　　　　　　　　　技术负责人：

附表 24　配电设备定期检查记录表

工程名称		时间	年　月　日
设备名称			
规格型号		安装日期	
检修保养周期		试验周期	
检修保养日期		试验日期	
查定内容	开关绝缘子有无裂纹、脏污		
	熔断器有无裂纹、损坏、所配熔芯是否合适		
	操作连杆及机械各部分有无损伤、锈蚀、歪斜、松动脱落现象		
	刀片及刀嘴有无变形、锈蚀、倾斜、松动		
	刀片及刀嘴有无脏污、烧伤痕迹、灭弧罩是否完好		
	弹簧片、弹簧及铜辫子有无断股、折断		
	将开关合上检查触头接触是否良好		
	接地是否良好		
试验情况			
设备评级			

检查人：　　　　　　　　　　　　技术负责人：

附表 25　水下检查记录表

工程名称		时间	年　　月　　日

检查部位	检查内容与要求	检查情况及存在问题
闸室	闸门前后淤积情况，门槽有无树根、块石等杂物，杂物应予清除	
伸缩缝	有无错缝，缝口有无破损，填料有无流失	
底板、护坦、消力池	混凝土有无剥落、露筋、裂缝，有无异常磨损，消力池内有无块石，块石应予清除	
水下护坡	有无坍塌	
其他		
检查目的		
对今后工程管理的建议		
建筑物运行状态及水文、气候情况	上游水位：　　m　下游水位：　　m　风向：　　风力： 天气：　　气温：　℃	
作业时间	自　　时　　分起～　　时　　分止	
作业人员	信号员：　　记录员：　　潜水班负责人： 潜水员：　　其他有关人员：	

管理单位负责人：　　　　技术负责人：

附表 26　涵洞进洞检查记录表

工程名称：____________　　检查时间：________________　　库水位：__________ m

分部名称	检查内容	工程现状及存在问题	备注
观感	砼完整性		
	砼风化程度		
裂缝	位置		
	数量		
	程度		
渗漏	位置		
	数量		
	程度		
伸缩缝	不均匀沉降		
	水平错位		
	(止水)渗漏情况		
沉降变形			
洞内冲蚀和淤积			
闸门变形、漏水、破损			
其　他			

检查人：　　　　　　　　　　　　　　技术负责人：

附录C　设备评级相关记录表式

附表27　设备等级评定情况表

<table>
<tr><td rowspan="2">工程名称</td><td rowspan="2" colspan="2"></td><td rowspan="2">工程规模</td><td rowspan="2"></td><td colspan="2">竣工日期</td><td colspan="2"></td></tr>
<tr><td colspan="2">改造日期</td><td colspan="2"></td></tr>
<tr><td colspan="2">单位设备名称</td><td>等级</td><td>单项设备名称</td><td colspan="2">规格</td><td>数量</td><td>等级</td><td>完好率(%)</td></tr>
<tr><td colspan="2"></td><td></td><td></td><td colspan="2"></td><td></td><td></td><td></td></tr>
<tr><td colspan="2"></td><td></td><td></td><td colspan="2"></td><td></td><td></td><td></td></tr>
<tr><td colspan="2"></td><td></td><td></td><td colspan="2"></td><td></td><td></td><td></td></tr>
<tr><td colspan="2"></td><td></td><td></td><td colspan="2"></td><td></td><td></td><td></td></tr>
<tr><td colspan="2"></td><td></td><td></td><td colspan="2"></td><td></td><td></td><td></td></tr>
<tr><td colspan="2"></td><td></td><td></td><td colspan="2"></td><td></td><td></td><td></td></tr>
<tr><td colspan="2"></td><td></td><td></td><td colspan="2"></td><td></td><td></td><td></td></tr>
<tr><td>评级情况综述</td><td colspan="8"></td></tr>
<tr><td rowspan="2">评级组织</td><td colspan="4">评级单位自评</td><td colspan="4">上级主管部门认定</td></tr>
<tr><td colspan="4">负责人：
组成人员：</td><td colspan="4">负责人：
认定人员：</td></tr>
</table>

附表 28　设备等级评定汇总表

工程名称							填表日期		年　月　日		第　页 共　页	
设备名称型号	投运日期	大修日期	试验日期	自评日期	自评等级			降级原因	认可等级			理　由
					一类	二类	三类		一类	二类	三类	
单项设备	名称			数量			等级			完好率		%

附表 29　定轮式平面钢闸门设备等级评定表

工程名称		编号		评定日期	年　月　日		
评级单元	检查项目	检查结果		单元等级			备注
		合格	不合格	一类	二类	三类	
门叶	面板结构无明显局部变形						
	梁系结构无明显局部变形						
	一、二类焊缝无裂纹						
	吊耳板无任何裂缝和其他缺陷						
	紧固件无松动或缺件现象						
	上下节连接牢靠						
防腐蚀要求	防腐蚀涂层外观						
	锈蚀坑情况						
	防腐措施						
	门体附件及隐蔽部位防腐蚀						
润滑系统	润滑部位加油及灵活程度						
	油脂选用合理，油质合格						
	润滑设备及零件齐全、完好						
	润滑系统畅通无阻						
行走支承装置	主滚轮圆度偏差						
	主滚轮与轨道接触良好						
	侧滚轮转动灵活可靠						
止水	止水密封性及漏水量						
	止水橡皮、止水座						
门槽及埋设件	活动门槽固定螺丝无松动、脱落						
	主轨无啃轨及气蚀，无脱落						
	导向轨道表面清洁平整、无脱落						
	门槽混凝土部分完整						
安全设施	扶梯、栏杆、门槽盖板						
工作场所	闸门、门槽及附件整洁、无油污						
设备运行情况	闸门操作运行安全可靠、灵活						
	闸门无异常震动及响声						
技术资料	图纸资料齐全						
	检修资料齐全、检修记录完整						
设备等级评定	等级类别	数量	百分比	单项设备等级			
	一类单元						
	二类单元						
	三类单元						

检查人：　　　　　　　　记录人：　　　　　　　　责任人：

附表30　卷扬式启闭机设备等级评定表

工程名称		编号		评定日期	年　月　日		
评级单元	检查项目	检查结果		单元等级			备注
		合格	不合格	一类	二类	三类	
电气及显示仪表	有可靠的供电电源和备用电源						
	设备的电气线路布线及绝缘情况						
	各种电器开关及继电器元件						
	电气设备中的保护装置可靠						
	开度仪及其他表计工作正常						
	各种信号指示正确						
润滑要求	润滑部位按规定注入或更换润滑油						
	润滑的油质、油量						
	密封性良好，不漏油						
	润滑设备及其零件齐全、完好						
	油路系统畅通无阻						
电机	能达到铭牌功率，能随时投入运行						
	电机绕组的绝缘电阻合格						
	电机外壳接地应牢固可靠						
制动器	制动器应工作可靠、动作灵活						
	制动轮表面无裂纹、无划痕						
	制动器的闸瓦及制动带						
	制动器闸瓦退程间隙						
	制动器上的主弹簧及轴销螺钉						
	电磁铁在通电时无杂音						
	液压装置工作正常，无渗漏油						
传动系统	减速器齿轮啮合良好，无磨损						
	减速机油位在规定范围						
	轴和轴承						
	联轴节						
	开式齿轮						

续表

工程名称		编号		评定日期	年 月 日		
评级单元	检查项目	检查结果		单元等级			备注
		合格	不合格	一类	二类	三类	
启闭机构	卷筒装置						
	钢丝绳						
	排绳器						
吊具	吊环、悬挂吊板、芯轴等						
	滑轮组零件及滑轮						
	花篮螺栓						
机架	机架结构(变形、裂缝)						
	钢架结构件的连接、高强螺栓的紧固						
防腐蚀要求	机械的金属结构表面防腐蚀处理						
	涂层均匀,整机涂料颜色协调、美观						
安全防护	严禁堆放易燃易爆品,设有消防器具						
	电气						
	启闭机室或启闭工作平台与外界隔离						
工作场所	整齐、清洁、无油污、无废弃物						
	照明等						
设备运行状况	启闭机达到的规定的额定能力						
	启闭机的状态完好						
	按指令操作						
技术资料	设备图纸及产品说明书齐全						
	运行资料齐全、记录完整						
	检修资料齐全、检修记录完整						
设备等级评定	等级类别	数量	百分比	单项设备等级			
	一类单元						
	二类单元						
	三类单元						

检查人： 记录人： 责任人：

附表 31　电源设备等级评定表

工程名称		设备名称		评定日期	年　月　日			
设备单元	评定项目及标准	检查结果		单元等级			备注
		合格	不合格	一类	二类	三类	
柜体	柜体结构牢固，油漆保护完整，无锈蚀						
	铭牌标志正确、清晰、完整						
	表面清洁，无灰尘污垢，无变形						
	柜内整洁，无积垢						
	封闭严密，无小动物痕迹，电缆进出孔封板完整						
隔离刀闸	隔离刀闸容量满足实际运行要求						
	进、出线桩头连接紧固，无过热现象						
开关	开关容量满足实际运行要求						
	过流脱扣装置按要求整定（如有）						
	欠压脱扣装置按要求整定（如有）						
	进、出线桩头连接紧固，无过热现象						
	辅助触点接触良好，动作可靠						
互感器	变比选择合适						
	进、出线桩头连接紧固，无过热现象						
熔断器	熔断器外观无损伤、开裂、变形，绝缘部分无闪烁放电痕迹						
	熔断器各接触点完好，接触紧密，无过热现象						
	进、出线桩头连接紧固，无过热现象						
	熔断器熔断信号指示器指示正常						
	熔断器和熔体的额定值与被保护设备相配合						

续表

工程名称		设备名称		评定日期		年　月　日	
设备单元	评定项目及标准	检查结果		单元等级			备注
		合格	不合格	一类	二类	三类	
抽屉结构及插件	抽屉轨道无变形、无卡阻						
	一次插件接触良好，无过热现象						
	二次插件接触良好						
仪表及指示灯	仪表误差符合规程规定						
	回零位好，可动部件转动灵活						
	外壳、玻璃、端子、刻度盘、指针、零位调整器完整，封闭严密						
	仪表机械部分零件无松动或焊接不良现象						
	数字表显示正确						
	指示灯完好，显示正确						
二次线路	套管标号完整、清晰						
	二次接线正确，绝缘良好，排列整齐、规范						
安全防护	柜体与四壁安全距离应符合规范规定						
	外壳接地可靠，接地电阻符合规范要求						
	按要求配备绝缘垫						
工作场所	整齐、清洁、无油污、无废弃物						
	照明光照度符合要求						
	严禁堆放易燃易爆品，并设有消防器具						
设备运行情况	操作灵活，运行可靠						
	运行时无异常升温及响声						
技术资料	图纸资料齐全						
	检修资料齐全、检修记录完整						
	试验资料齐全						
设备等级评定	等级类别	数量	百分比	评定等级			
	一类单元						
	二类单元						
	三类单元						
检查人：		记录人：			责任人：		

附录 D　工程监测相关记录表式

1　垂直位移

附表 32　垂直位移观测成果表

始测日期		年 月　日	上次观测 日期	年 月　日	本次观测 日期	年 月　日	间隔　天
测点		始测高程 (m)	上次观测 高程(m)	本次观测 高程(m)	间隔位移量 (mm)	累计位移量 (mm)	备　注
部位	编号						

附表 33　垂直位移量变化统计表

测点		累计位移量（mm）							
部位	编号	年 月　日	年 月　日	年 月　日	年 月　日	年 月　日	年 月　日	年 月　日	年 月　日
…									
统计	部位	最大累计位移量 (mm)	测点 编号	观测日期	历时 (年)	相邻最大不均匀量 (mm)	相邻两测点部位、编号	观测日期	历时 (年)

2 水平位移

附表 34 水平位移观测记录表(视准线法)

单位:mm

测点	日期		正镜位移量			反镜位移量			正反镜平均位移量	埋设偏距	上次位移量	间隔位移量	累计位移量	位移方向	工作基点编号	
	月	日	第一次	第二次	平均	第一次	第二次	平均							测站	后视
…																

观测: 记录: 一校: 二校:

附表 35 水平位移观测成果表

始测日期:____年____月____日 上次观测:____年____月____日 本次观测:____年____月____日

部位	标点编号	历时(日)		间隔位移量(mm)		累计位移量(mm)	
		间隔	累计	上	下	上	下
…							

附表 36 水平位移统计表

________年

单位:mm

日期	月 日		月 日		月 日		月 日		历时(天)	年位移量	
测点	上	下	上	下	上	下	上	下		上	下
…											

全年统计	最大位移量	测点编号	最小位移量	测点编号

3 渗流监测

附表 37 渗压计观测记录表

测点编号 ________________ 测头编号 ________

测头高程 h_0 = ________ m 灵敏系数 K = ________ $\times 10^{-4}$ kPa/Hz^2 零压频率 f_0 = ________

观测日期			时间		观测频率 f_i(Hz)			渗流压力水位 h(m)	上游水位(m)	下游水位(m)
年	月	日	时	分	一次	二次	平均			
…										

$h=0.1K(f_0{}^2-f_i{}^2)+h_0$

观测： 记录： 一校： 二校：

附表 38 测压管水位观测记录表

部位：________ 测压管编号：________ 管口高程：________ m 观测方法：________

观测日期			时间		管口至管内水面距离(m)			测压管水位(m)	上游水位(m)	下游水位(m)
年	月	日	时	分	一次	二次	平均			
…										

观测： 记录： 一校： 二校：

附表 39 渗流压力水位统计表

观测日期			上游水位	下游水位	测点编号			
年	月	日			1	2	3	4
…								
全年统计	最大值							
	出现日期							
	最小值							
	出现日期							

附表 40　量水堰法渗流量观测记录表

量水堰编号：__________

观测时间		水位(m)		堰上水头(m)	实测流量 Q_t(L/s)	水温(℃)	标准流量 Q_T(L/s)	透明度(cm)	气温(℃)	降水量(mm)	备注
月	日	上游	下游								
…											

观测：　　　　　　记录：　　　　　　一校：　　　　　　二校：

附表 41　渗流量统计表

观测地点：______________　　观测方法：__________　　　单位：L/s

观测日期			上游水位(m)	下游水位(m)	1 号			2 号		
年	月	日			观测值 Q_t	水温 t(℃)	标准值 Q_{10}	观测值 Q_t	水温 t(℃)	标准值 Q_{10}
…										
全年统计	最大值									
	日期									
	最小值									
	日期									
	渗漏量(m^3)				占库容(%)			占年均来水量(%)		
备注										

4 水文、气象监测

附表 42 年度上(水库)、下游水位统计表

监测日期		月份及水位(m)											
		1	2	3	4	5	6	7	8	9	10	11	12
1													
2													
…													
31													
全月统计	最高												
	日期												
	最低												
	日期												
全年统计		最高		日期		最低		日期		均值			
备注(包括泄流情况)													

统计者: 校核者:

附表 43 年度逐日降水量统计表

监测日期		月份及降水量(mm)											
		1	2	3	4	5	6	7	8	9	10	11	12
1													
2													
…													
31													
全月统计	最高												
	日期												
	合计												
	雨日												
全年统计		最大		日期		总降水量		总降水天数					
备注													

统计者: 校核者:

附表 44 日均气温(库水温)统计表

监测日期		月份及气温/库水温(℃)											
		1	2	3	4	5	6	7	8	9	10	11	12
1													
2													
…													
31													
全月统计	最高												
	日期												
	最低												
	日期												
全年统计		最高		日期		最低		日期		均值			
备注													

统计者: 校核者:

附表 45 江苏省大中型水库工程观测数据报表

工程名称：____________ 工程位置：____________ 填表日期：____________

(a) 垂直位移

观测日期	最大间隔位移量(mm)	部位、编号	最大累计位移量(mm)	部位、编号	相邻最大不均匀量(mm)	相邻两测点部位、编号、历时(年)	是否正常

(b) 水平位移

观测日期	部位	历时(日)		最大间隔位移量(mm)		最大累计位移量(mm)		是否正常
		间隔	累计	上	下			

(c) 渗流观测

观测日期	设施完好率	观测频次	是否正常

(d) 渗流量

最大值(L/s)	出现日期	最小值(L/s)	出现日期	年渗漏量(m^3)	异常渗流部位

(e) 观测成果分析、异常情况说明

单位(盖章)： 单位负责人： 填表人：

附录E 养护维修相关记录表式

附表46 闸设备修试记录表

闸 设 备 修 试 记 载 卡 片　　　　卡片编号

设备名称________________ 代号______________ 编号______________

制造厂铭牌________________ 型号______________ 产品编号__________

出厂时间______ 年 ______ 月 生产厂家 ______________

首次投运日期：

管理单位：

登记人：　　　　单位负责人：　　　　编制日期：　　　年　　　月　　　日

附表47 检修试验记录表

第___ 页

修试时间	修试项目	结果或数据	修试者	备注

附录 F 白蚁防治相关记录表式

附表 48 白蚁防治现场检查记录表

工程名称：______________________ 时间：__________ 库水位：__________

天气：__________ 温度：__________

内容 部位	泥线、泥被		分群孔 （片）	真菌指示物（丛）		桩号	高程（m）	蚁种	异常情况	备注
	面积（m^2）	处								
迎水坡										
背水坡										
坝顶										
蚁源区										

注：1. 活动指示物：指鸡纵菌、鸡纵花；死巢指示物：指炭棒菌（地炭棒、鹿角菌）、红垂蘑菇（红垂幕）；

2. 背水坡：指大坝背水坡及护坝地；

3. 坝顶：指坝顶及向坝两端延伸 30 m。

附录 G　安全生产相关记录表式

附表 49　安全生产常规工作安排一览表

序号	工作内容	时间	备注
1	元旦假日期间安全生产工作	元旦前后	
2	春节假日期间安全生产工作	春节前后	
3	汛前安全生产大检查	4 月份	
4	防汛防台工作	汛期	
5	五一假日期间安全生产工作	五一前后	
6	“安全生产月”活动计划(方案)	5 月 25 日前	
7	“安全生产月”活动	6 月份	
8	“安全生产月”活动总结	6 月 25 日前	
9	十一假日期间安全生产工作	十一前后	
10	汛后安全大检查	10 月份	
11	冬季安全生产工作	11 月～次年 2 月	
12	年度安全生产工作计划、总结	12 月 10 日前	
13	年度安全资料汇编成册	12 月底	
14	安全组织机构人员调整、制度修订	随时	
15	新(转岗)职工岗前安全培训(教育)	随时	
16	经营工地安全生产工作情况(组织网络、安全措施、检查情况)	随时	
17	安全信息报道	随时	
18	特种设备注册、检测及特种作业人员持证上岗情况登记	随时	
19	安全月报	每月 25 日前	
20	安全生产活动	每月 1 次以上	
21	安全生产检查	每月 1 次以上	
22	月度安全生产工作计划、总结	每月 25 日	

附表 50　安全生产组织机构

组长	
安全员	
组织网络图	
安全组织调整情况	

附表 51　安全生产活动记录

活动主题			
活动时间		活动地点	
参加人员			
主持人		记录人	
活动内容			
活动效果			

附表 52 ____年____月事故隐患排查治理统计分析表

	序号	隐患名称	检查日期	发现隐患的人员	隐患评估	整改措施	计划完成日期	实际完成日期	整改负责人	复验人	未完成整改原因	采取的监控措施
本月查出隐患												
本月前发现隐患												
本月查出隐患　项，其中本单位自查出　项，隐患自查率　%；本月应整改隐患 项，实际整改合格　项，隐患整改率　%												

单位领导(签字)：　　　　　　　　　　填表人(签字)：

附表 53　安全事故登记表

事故部位			发生时间		
气象情况			记录人		
伤害人姓名	伤害程度	工种及级别	性别	年龄	备注
事故经过及原因					
经济损失	直接		间接		
处理结果					
预防事故重复发生的措施					

附表 54　应急预案演练记录

演练内容			
演练时间		演练地点	
负责人		记录人	
参加人员			
演练方案			
演练总结			

附录 H 档案资料相关记录表式

附表 55 借阅档案登记表

序号	日期	单位	案卷或文件题名	利用目的	期限	卷号	借阅人签字	归还日期	备注

附表 56 档案库房温湿度记录表

库房号	时间(年/月/日/时/分)	温度(℃)	湿度(%RH)	记录人	备注

附录 I　水政管理相关记录表式

附表 57　水行政执法巡查记录

编号：

巡查时间	
巡查地点或线路	
巡查情况	
对巡查出的问题所采取的措施	
巡查人员签名	
巡查负责人签名	
备注	

附表 58　水行政执法巡查月报表

（　　年　月）

填报单位：

巡查人次	巡查次数	巡查重点	违章建筑（m^2）	违章圈圩（亩①/处）	违章取土（起）	违章占用（m^2）	违章种植（亩）	违章凿井（眼）	网、簖	违章坝埂道	非法采砂船（只）	备注
		水工程管理范围										
案件查处数（件）	案件受理（件）		案件类型（件）						案件执行情况			备注
	现场处理	立案查处	水资源案	河道案	水工程案	水土保持案	非法采砂案	其他案	结案数	上月遗留数	当月查结数	

典型情况（具体事由及处理情况）：

审核人：　　填报人：　　联系电话：　　填报日期：　年　月　日

注：①1 亩≈666.7 平方米

附录J 水库安全监测作业指导书示例

第一节 适用范围

本作业指导书用于指导××水库安全监测工作，包括变形监测，渗流监测，水文、气象监测等全过程管理。

第二节 编制依据

本作业指导书的编制主要依据如下：

水库大坝安全管理条例(1991)

江苏省水利工程管理条例(2017)

江苏省水库管理条例(2017)

江苏省水库技术管理办法

SLJ 702—81 水库工程管理通则

GB/T 12897—2006 国家一、二等水准测量规范

SL 551—2012 土石坝安全监测技术规范

SL 210—2015 土石坝养护修理规程

DB32/T 1713—2011 水利工程观测规程

本水库技术管理细则、规章制度与操作规程、工程设计文件、除险加固资料等。

第三节 工程基本情况

一、工程概况

××水库位于溧阳市西南部低丘陵山区，距溧阳市区 13 km，工程于 1958 年 11 月开工

兴建，1960 年 6 月初步建成，后经 1965 年、1971 年、1978 年三次较大规模续建，2009 年 10 月—2011 年 4 月进行除险加固，形成一座以防洪、灌溉、城镇供水为主，结合水产养殖和生态保护的国家大(Ⅱ)型水库。水库集水面积 90 km^2，总库容 1.128 亿 m^3，设计水位▽15.48 m(青岛基面，下同)，校核水位▽15.98 m，水库设计正常水位▽15.00 m，汛限水位▽14.00 m，死水位▽8.20 m，防汛库容 0.366 亿 m^3，兴利库容 0.8156 亿 m^3，死库容 0.1144 亿 m^3。水库防洪面积 30 万亩，设计灌溉面积 7.6 万亩。现灌溉面积 2.6 万亩，城镇年供水 2000 万 m^3左右。

水库枢纽工程主要有主、副坝各 1 座，溢洪闸 1 座、灌溉涵洞 3 座。

主、副坝为均质土坝。主坝位于狮子山和乌龟山之间，坝顶全长 475.00 m，坝顶高程▽21.50 m，最大坝高 17.50 m，坝顶宽度 8.00 m；副坝位于太湖冲处，坝顶全长 210.00 m，坝顶高程▽22.00 m，最大坝高 8.90 m，坝顶宽度 6.00 m。

溢洪闸位于下马滩村后山丫处，于 2009 年新建，型式为带胸墙孔口式宽顶堰结构，共 3 孔，闸孔总净宽 3×2.5 m，闸门净高为 4.5m，闸底高程▽7.00 m，溢流堰堰顶高程▽7.00 m，设计泄洪流量 120.0 m^3/s，校核流量 280.6 m^3/s。溢洪道长 125.00 m、宽 10.50 m，消力池长 15.00 m。配弧形钢闸门 3 扇，采用 3 台 400 kN 固定卷扬式启闭机。

灌溉涵洞中，西灌溉涵洞位于主坝西段与狮子山交界处，型式为 1.3×1.1m 矩形涵，洞口底板高程▽7.20 m，洞长 71.90 m，设计流量 6.0 m^3/s。配平板钢闸门 1 扇，配 100 kN 螺杆式启闭机 1 台。中灌溉涵洞位于溢洪闸北侧，型式为 1.80×2.50 m 矩形涵，洞口底板高程▽7.00 m，洞长 90.00 m，设计流量 3.50 m^3/s。配平板钢闸门 1 扇，100 kN 螺杆式启闭机 1 台。东灌溉涵洞位于副坝东端处，型式为 1.20×1.60 m 矩形涵，洞口底板高程 8.50 m，洞长 71.90 m，设计流量 3.50 m^3/s。配平板钢闸门 1 扇，100 kN 螺杆式启闭机 1 台。

二、工程设计指标及主要设备技术参数

附表 59　××水库主要技术指标表

<table>
<tr><td colspan="2">水库名称</td><td>××水库</td><td>工程规模</td><td colspan="2">大(Ⅱ)型</td><td>工程等别</td><td>Ⅱ</td></tr>
<tr><td colspan="2">地理坐标</td><td colspan="4">东 经 119°22′06″　北 纬 31°22′30″</td><td>所在河流</td><td>××河</td></tr>
<tr><td colspan="2">所在位置</td><td colspan="2">江苏省常州市溧阳市天目湖镇</td><td colspan="2">所在流域水系</td><td colspan="2">长江流域片 太湖流域</td></tr>
<tr><td colspan="2">建设时间</td><td colspan="6">1958 年 11 月主体工程开工，1960 年 6 月合龙</td></tr>
<tr><td colspan="2">加固改造</td><td colspan="6">2009 年 9 月 30 日主体工程开工，2010 年 12 月 15 日下闸蓄水，2011 年 4 月 8 日竣工验收</td></tr>
<tr><td colspan="2">水库功能</td><td colspan="6">防洪、供水、灌溉、养殖</td></tr>
<tr><td rowspan="5">水文特性</td><td colspan="2">坝址以上控制流域面积(km²)</td><td>90.000</td><td colspan="3">坝址以上多年平均年径流量(亿 m³)</td><td>0.435</td></tr>
<tr><td rowspan="4">设计</td><td>洪水标准(正常运用)(P=%)</td><td>1.00</td><td rowspan="4">校核</td><td colspan="2">洪水标准(正常运用)(P=%)</td><td>0.05</td></tr>
<tr><td>洪水流量(m³/s)</td><td>63.00</td><td colspan="2">洪水流量(m³/s)</td><td>960.00</td></tr>
<tr><td>1 日洪水总量(亿 m³)</td><td>0.20</td><td colspan="2">1 日洪水总量(亿 m³)</td><td>0.32</td></tr>
<tr><td>3 日洪水总量(亿 m³)</td><td>0.31</td><td colspan="2">3 日洪水总量(亿 m³)</td><td>0.49</td></tr>
</table>

续表

水库名称	××水库	工程规模		大(Ⅱ)型		工程等别	Ⅱ
水库特性	调节性能	年调节		库容系数	1.87	死水位(m)	8.20
	设计洪水位(m)	15.48	汛期限制水位(m)	前汛期	12.00	总库容(亿 m^3)	1.1280
	校核洪水位(m)	15.98		主汛期	12.00	调节库容(亿 m^3)	0.8156
	正常蓄水位(m)	13.00		后汛期	12.00	死库容(亿 m^3)	0.1144
	校核洪水位时最大下泄流量(m^3/s)			284.80	设计洪水位时最大下泄流量(m^3/s)		269.00
挡水建筑物	地震基本烈度(度)		Ⅶ	地震动参数设计值	地震动峰值加速度(g)		0.1
	抗震设计烈度(度)		Ⅶ		地震反应谱特征周期(s)		0.35
	主坝	座数(座)	1	坝顶总长度(m)	475.00	坝型	均质土坝
		大坝级别	2	地基特性	粉质黏土	坝基防渗型式	灌浆帷幕
		坝顶高程(m)	▽21.50	最大坝高(m)	17.5	坝顶宽度(m)	8.00
	副坝	座数(座)	1	坝顶总长度(m)	210.0	坝型	均质土坝
		大坝级别	2	地基特性	粉质黏土	坝顶高程(m)	▽22.0
		最大坝高(m)	8.90	坝顶宽度(m)			6.00
泄水建筑物	种类	正常溢洪道	下游河道安全泄量(m^3/s)	30	型式	正槽式溢洪道	
	堰(槛)顶高程(m)	▽7.00	溢流段长或堰顶宽(m)	7.5	孔口数量(个)	3	
	工作闸门型式	弧形闸门	启闭方式	卷扬式	消能方式	底流消能	
	校核泄洪流量(m^3/s)	280.60	设计泄洪流量(m^3/s)	120.00			
西涵	设计流量(m^3/s)	6.00	输水管道型式	管道和隧洞	输水道长度(m)	189.97	
	断面尺寸(m)	1.3×1.1	交叉建筑物型式	涵 洞			
东涵	设计流量(m^3/s)	3.50	输水管道型式	管道和隧洞	输水道长度(m)	87.40	
	断面尺寸(m)	1.2×1.6	交叉建筑物型式	涵 洞			
中涵	设计流量(m^3/s)	3.50	输水管道型式	管道和隧洞	输水道长度(m)	150.50	
	断面尺寸(m)	1.8×2.25	交叉建筑物型式	涵 洞			

续表

<table>
<tr><td colspan="2">水库名称</td><td>××水库</td><td colspan="2">工程规模</td><td colspan="2">大(Ⅱ)型</td><td colspan="2">工程等别</td><td>Ⅱ</td></tr>
<tr><td rowspan="3">工程运用</td><td colspan="2">历史最高水位(m)</td><td>13.83</td><td>发生日期</td><td colspan="2">2016年7月5日</td><td rowspan="4">工程管理</td><td>总人数(人)</td><td>27</td></tr>
<tr><td colspan="2">历史最低水位(m)</td><td>0.00</td><td>发生日期</td><td colspan="2">1978年11月8日</td><td>大专以上学历(人)</td><td>7</td></tr>
<tr><td colspan="2">历史最大下泄流量(m^3/s)</td><td>60.00</td><td>发生日期</td><td colspan="2">2016年7月11日</td><td>工程师以上(人)</td><td>4</td></tr>
<tr><td rowspan="2">安全监测</td><td>水情测报</td><td colspan="3">雨量、水位、流量、洪水预报</td><td>测报方式</td><td>自动+人工</td><td>财政保障人数(人)</td><td>16</td></tr>
<tr><td>工情项目</td><td colspan="3">水平位移、垂直位移、渗透压力渗流量、水质</td><td>测报方式</td><td>自动+人工</td><td>主要监测仪器</td><td colspan="2">徕卡TS09、徕卡DNA03、振弦式渗压计</td></tr>
</table>

第四节　工作任务及职责分工

一、工作任务

1. 按照江苏省溧阳市水利局《关于下发××水库工程监测任务书的通知》(苏水管〔2012〕80号文件)要求,水库所属工程目前开展的常规监测项目有:主副坝与溢洪闸的垂直位移监测、水平位移监测和渗流监测、水文气象监测等。水库工程监测任务书见附表60。

附表60　××水库工程监测任务书

<table>
<tr><td colspan="2">工程概况</td><td colspan="3">略</td></tr>
<tr><td>序号</td><td>监测项目</td><td>监测时间与测次</td><td>监测方法与精度</td><td>监测成果要求</td></tr>
<tr><td rowspan="2">一
变形监测</td><td>垂直位移</td><td>工作基点考证:5年1次;
垂直位移标点监测:汛前、汛后各1次</td><td rowspan="3">符合现行《水利工程观测规程》要求</td><td>监测标点布置示意图
垂直位移工作基点高程考证表
垂直位移监测标点考证表
垂直位移监测成果表
垂直位移量变化统计表
垂直位移过程线</td></tr>
<tr><td>水平位移</td><td>工作基点考证:5年1次;
水平位移标点监测:汛前、汛后各1次</td><td>水平位移监测标点考证表
水平位移统计表
累计水平位移过程线</td></tr>
<tr><td>二
渗流监测</td><td>坝基渗流压力
坝体渗流压力
绕坝渗流
渗流量</td><td>人工+自动
人工每月监测3次(逢5日监测)</td><td>测压管、渗压计设备考证表
测点渗流压力水位统计表
测点的渗流压力水位过程线图
渗流量统计表
渗流量过程线图</td></tr>
</table>

续表

工程概况		略		
序号	监测项目	监测时间与测次	监测方法与精度	监测成果要求
三 水文、气象	上、下游水位 降水量 气温 库水温	每日	符合现行《水利工程观测规程》要求	工程运用情况统计表 水位统计表 逐日降水量统计表 日均气温(库水温)统计表 流量、引(排)水量统计表 工程大事记 监测成果的初步分析
四	备注说明	工程监测资料成果经上级主管部门考核评审合格,并根据评审意见进行完善整理后,按整编要求装订成册存档		

2. ××水库工程现有垂直位移监测工作基点为:南徐 3 号、C1、C2、C3、YA、YB、F1、F2 共 8 个,其中南徐 3 号为国家Ⅱ等水准点,垂直位移监测标点 84 个,采用徕卡 DNA03 电子水准仪监测,二级单路线往返测量;水平位移工作基点有 C1、C2、C3、C1′、C2′、C3′、YA、YB、F1、F2 共 10 个,监测标点 30 个,采用徕卡 TS06 全站仪进行监测,视准线法测量。

3. 当工程发生异常变化时,应开展其他专门性监测项目,如伸缩缝、坝体裂缝、混凝土建筑物裂缝等。

二、职责分工

1. 水库管理处工管科负责变形监测及渗流监测项目的组织和实施,水文站负责水文、气象监测;监测外业工作完成后,工管科负责监测资料的收集、整理、分析、整编工作,对发现的异常现象做专项分析,必要时会同科研、设计、施工人员做专题研究。

2. 市水利局工管科和水文站负责对水库的安全监测工作进行业务指导。每年年底对当年监测资料进行审查。

第五节　工作要求

1. 监测工作的基本要求是:保持监测工作的系统性和连续性,按照规定的项目、测次和时间,在现场进行监测。要求做到"四随"(随监测、随记录、随计算、随校核)、"四无"(无缺测、无漏测、无不符合精度、无违时)、"四固定"(人员固定、设备固定、测次固定、时间固定),以提高监测精度和效率。

2. 监测人员必须树立高度的责任心和事业心,严格遵守本手册规定,确保监测成果真实、准确和符合精度要求。所有资料必须按规定签署姓名,切实做到责任到人。

3. 每次监测结束后,必须对记录资料进行计算和整理,并对监测成果进行初步分析,如发现监测精度不符合要求,必须立即重测。如发现其他异常情况,应立即进行复测,查明原因并报上级主管部门,同时加强监测,并采取必要的措施。严禁将原始记录留到资料整编时再进行计算和检查。

4. 一切外业监测值和记事项目均必须在现场直接记录于规定手簿中(数字式自动监测仪器除外),需现场计算检验的项目,必须在现场计算填写,如有异常,应立即复测。外业原始记录应使用 2H 铅笔记载,内容必须真实、准确,记录应力求清晰端正,不得潦草模糊。手簿中任何原始记录严禁擦去或涂改。原始记录手簿每册页码应予连续编号,记录中间不得留下空页,严禁缺页、插页。如某一监测项目监测数据无法记于同一手簿中,在内业资料整理时可以整理在同一手簿中,但必须注明原始记录手簿编号。

5. 资料在初步整理、核实无误后,应将监测报表于规定时间报送上级主管部门。每年初应将上一年度各项监测资料整理汇总,归入技术档案永久保存。

6. 工程施工期间的监测工作暂时交由施工单位负责,在工程施工期间,必须采取妥善防护措施,如施工时需拆除或覆盖现有监测设施,必须在原监测设施附近重新埋设新监测设施,并加以考证。在交付管理处管理后,由管理处进行监测项目交接。管理人员应加强对监测设施的保护,防止人为损坏。

第六节　垂直位移监测

一、一般要求

1. 本工程垂直位移每年汛前、汛后各监测 1 次,若发生超过设计水位标准或其他影响建筑物安全的情况时,必须增加测次。

2. 本工程采用二等水准监测。工作基点至垂直位移标点采用二级单线路往返监测。垂直位移量以向下为正,向上为负。

3. 在进行垂直位移监测时,必须同时监测、记录水库水位、工程运用情况及气温等。

4. 垂直位移监测设施主要包括工作基点和垂直位移标点。现有南徐 3 号、C1、C2、C3、YA、YB、F1、F2 共 8 个工作基点,从南徐 3 号引测。

二、监测工作准备

1. 检查设置监测现场,检查工作基点及监测标点的现状,对被杂物掩盖的标点及时清理,对缺少或破损的标点及时重新埋设,重新埋设的标点 15 天后方可进行监测,监测标点编号示意牌应清晰明确。

2. 监测设备必须定期检查,确保其性能良好。监测用电子水准仪应在检测有效期内,相关检测资料齐全。皮尺、地垫应完好,铟瓦尺上下圆水准泡应一致,脚架完好、开合正常。

3. 组建监测队伍,应配有监测 1 人、记录 1 人(使用电子水准仪监测时不需要记录人员)、撑伞 1 人、扶尺 2 人、量距 2 人。监测人员需固定,不得中途更换人员。

4. 确定监测线路,工程监测前应进行垂直位移监测线路的设计,并绘制垂直位移监测线路图,如附图 1 所示。线路图中标明工作基点、垂直位移标点及测站和转点位置,以及监

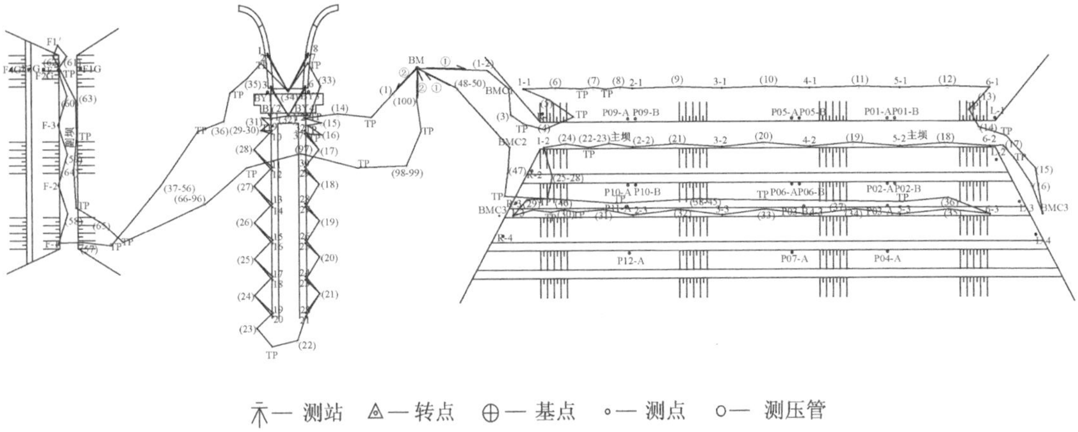

附图 1　××水库水准测量监测标点及监测线路示意图

测线路和前进方向。线路图一经确定，在地物、地貌未变的情况下不得再变动监测线路、测站和转点。遇有特殊情况可做局部修改，监测前按照监测线路图检查工程测点是否完好，有障碍物阻挡立即现场清理，无法清理的须修改线路图，重新规划合理线路，保证监测工作顺利进行。

三、垂直位移监测流程

垂直位移监测流程如图 5-12 所示。

四、设站操作流程

1. 安置。安置是将仪器安装在可以伸缩的三脚架上并置于两监测点中间，前后视距误差需在规范规定范围内。首先打开三脚架并使高度适中，用目估法使架头大致水平并检查脚架是否牢固，然后打开仪器箱，用连接螺栓将水准仪器连接在三脚架上。

2. 粗平。电子水准仪只需要粗平，粗平是使仪器的视线粗略水平，转动脚螺旋，使水准仪圆水准气泡居于圆指标圈之中。在整平过程中，气泡移动的方向与大拇指运动的方向一致，如附图 2。

3. 瞄准。瞄准是用望远镜准确地瞄准目标，如附图 3。首先是把望远镜对向远处明亮的背景，转动目镜调焦螺旋，使十字丝最清晰。再旋转望远镜，使照门和准星的连接对准水准尺中央条码，最后转动物镜旋钮，使水准尺的中央条码清晰地落在十字丝平面上，条码成像应清晰。

4. 读数。成像清晰后轻按监测按钮，仪器自动监测，监测成功仪器响一声，显示器上随之出现读数，响两声则说明监测有错误，须按仪器提示内容进行检查。

5. 注意事项：水准仪使用步骤一定要按上面顺序进行，不能颠倒，特别是读数前的水准泡调整，一定要在读数前进行。每一测段的监测，应在上午或下午一次测完。每一工程的监测应尽量在一天内监测结束，间隙时应在工作基点上结束。

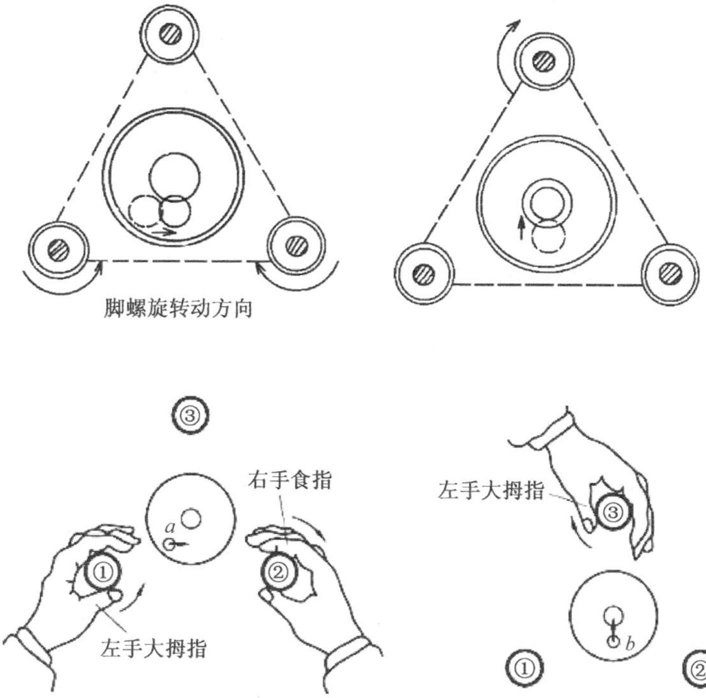

附图2　仪器粗平示意图

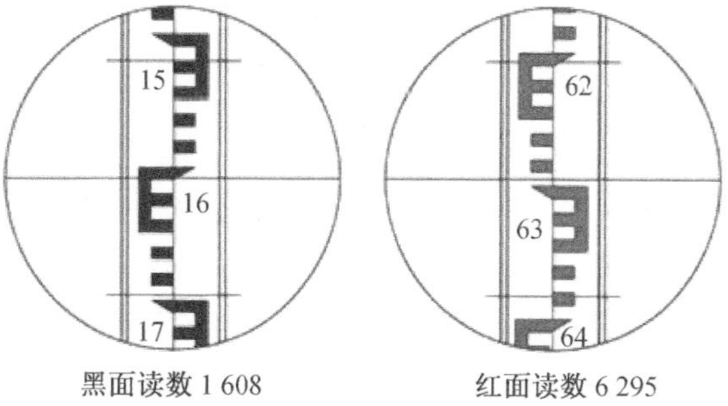

附图3　仪器瞄准、读数示意图

五、测站监测顺序

1. 一、二等水准测量监测顺序：

（1）奇数测站照准标尺分划的顺序为：

①后视标尺 → ②前视标尺 → ③前视标尺 → ④后视标尺

（2）偶数测站照准标尺分划的顺序为：

①前视标尺 → ②后视标尺 →③后视标尺 → ④前视标尺

2. 三等水准测量每测站照准标尺分划的顺序为：

①后视标尺 → ②前视标尺 → ③前视标尺 → ④后视标尺

3. 四等水准测量每测站照准标尺分划的顺序为：

①后视标尺 → ②后视标尺 → ③前视标尺 → ④前视标尺

4. 监测中视点时，其前后视距差应控制在 5 m 以内，个别特殊死角超过 5 m 时应加以说明。

注：①监测前 30 min，应将仪器置于露天阴影下，使仪器与外界气温趋于一致；设站时，须用白色测伞遮蔽阳光；迁站时，应罩以仪器罩。

②在连续各测站上安置水准仪的三脚架时，应使其中两脚与水准路线的方向平行，第三脚轮换置于路线方向的左侧与右侧。

③除路线转弯处外，每一测站上仪器与前、后视标尺的三个位置应尽量接近一条直线。

④同一测站上监测时，不得两次调焦。

⑤每一测段无论往测与返测，其测站数均必须为偶数。由往测转向返测时，两支标尺需互换位置，并应重新整置仪器。

⑥垂直位移监测时，应自工作基点引测各垂直位移标点高程，不应从垂直位移标点再引测其他标点高程，严禁从中间点引测其他各测点高程。

⑦如因工程维修或施工需要移动标点时，应在原标点附近埋设新点，对新标点进行考证，计算新、旧标点差值，填写考证表，并详加说明，以保证新、旧标点的连续性。当需增设新点时，可在施工结束埋设新标点后进行考证，并以同一块底板邻近标点的位移量近似作为新标点的位移量，以此推算出该标点的始测高程。

⑧日出后与日落前 30 min 内、太阳中天前后各约 2 h 内、标尺分划线的影像跳动而难于照准时、气温突变时、风力过大而使标尺与仪器不能稳定时，不得进行监测。

六、资料整理与初步分析

1. 每次监测外业工作结束后，应及时对成果计算、校核。当闭合差>1 mm 以上时，必须进行平差计算，平均每测站高差改正值为$-\Delta h/N$（Δh 为闭合差，N 为测站数），据此计算每测站高程，并以正确高程计算各中视点高程。在经过校核的基础上，必须由计算、校核以外的第三人进行二校，确认监测成果无误，即编制垂直位移监测成果报表，报上级主管部门。测量、报表填制、校核人员以及主要技术负责人都应在报表上签字。

2. 在编制报表的同时，必须检查间隔垂直位移量有无异常，如发现有异常现象，应从原始记录查起，检查本次监测成果有无计算错误，报表有无填制、计算错误，在确认上述均无错误的情况下，对异常点必须进行复测，并将监测记录归入档案。

3. 垂直位移监测应填写下列表格。

（1）工作基点考证表：工作基点埋设时填制，并绘制基点结构图，以后不必再填。

（2）工作基点高程考证表：定期校测工作基点高程时填制。

（3）垂直位移标点考证表：以工程底板浇筑后第一次测定的标点高程为始测高程。如无施工期监测记录，则应将第一次监测的高程作为始测高程，但必须在备注中说明第一次监测与底板浇筑后的相隔时间。如标点更新或加设，应重新填记本表，并在备注中说明情况。

（4）垂直位移监测成果表：按工程部位自上游向下游，从左向右分别填写，算出间隔和累计位移量。间隔位移量为上次监测高程减本次监测高程。

(5) 垂直位移量变化统计表:系根据较长时间监测所得的位移量汇总而成。通过它可点绘出垂直位移量变化过程线图,此表于逢五、逢十年度的资料汇编时填报。

4. 填表规定如下。

(1) 高程单位为 m,精确至 0.0001 m。

(2) 垂直位移量单位为 mm,精确至 0.1 mm。

5. 垂直位移监测应绘制下列图形。

(1) 垂直位移量横断面分布图:主要反映在同一横断面上相邻点位移情况。通过分布图可以看出基础是否发生不均匀沉陷。该图分上、下游两侧两个横断面分布曲线图,图上必须与两侧岸墙的垂直位移量线相连。

(2) 垂直位移量变化过程线图:一般同一块底板各点的垂直位移量变化过程线绘于一张图上,目的是分析同一块底板垂直位移量与时间的变化关系。

七、电子水准仪操作步骤

常用的电子水准仪如附图 4 所示。

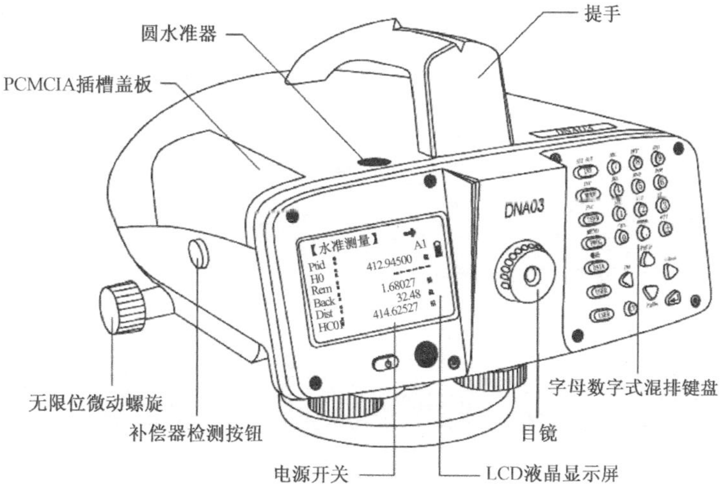

附图 4　DNA03 电子水准仪

设置监测仪器,设置好本次监测的任务名称、线路名称、操作者、设置限差、工作基点高程。按下列程序操作。

1. 开机(按钮①,如附图 5 所示)。

2. 设置任务(按钮②,如附图 5 所示)→上下键(按钮④,如附图 6 所示)选择“线路测量”→确认(按钮③,如附图 5 所示)进入线路测量设置界面。

3. 线路测量设置界面,如附图 7～10 所示,确认→进入作业设置界面→选择“增加”设置新作业→输入作业名称→移动屏幕反显→确认。

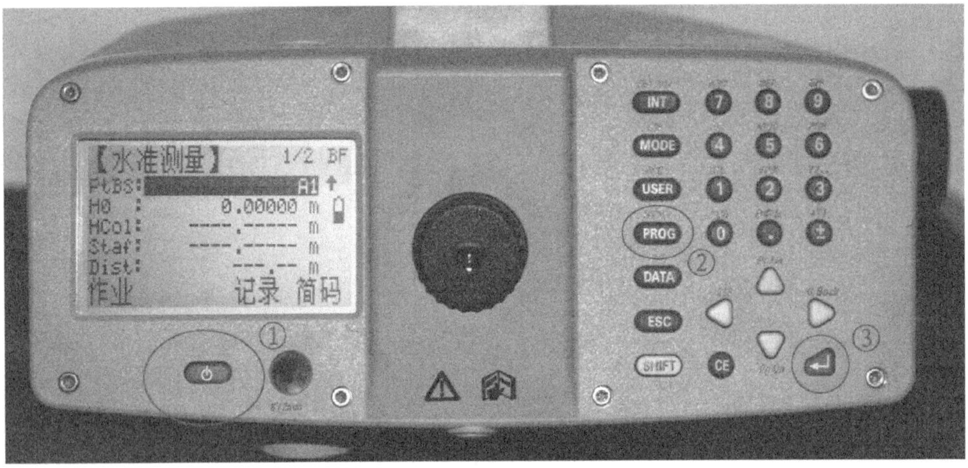

附图 5　开机界面

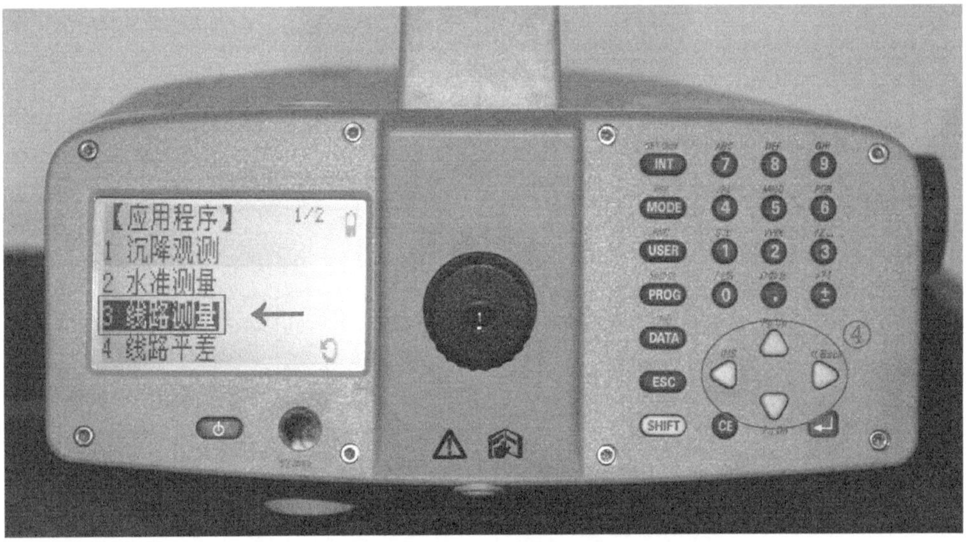

附图 6　设置任务

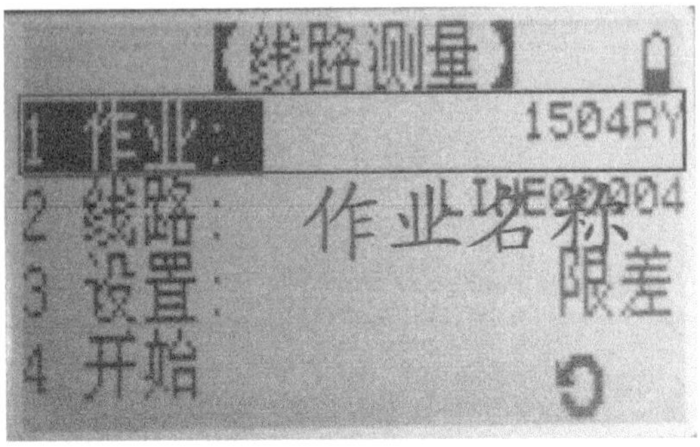

附图 7　作业设置图

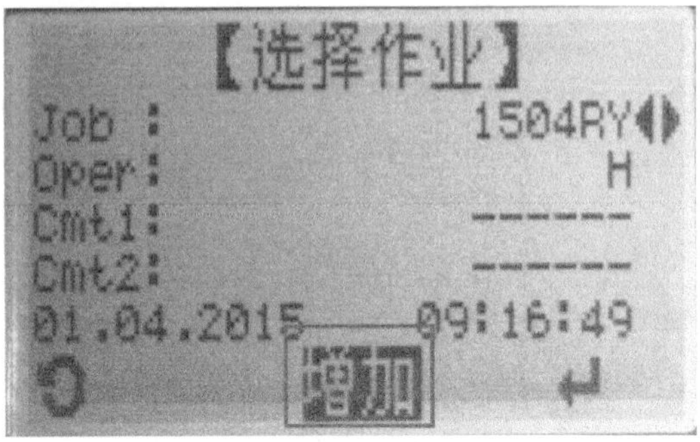

附图 8　增加作业

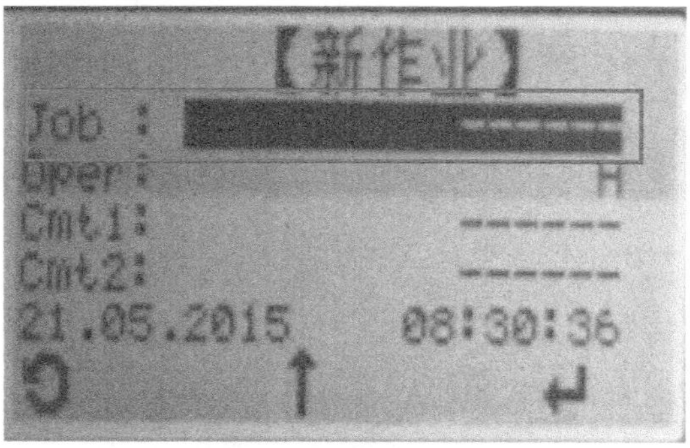

附图 9　新作业设置

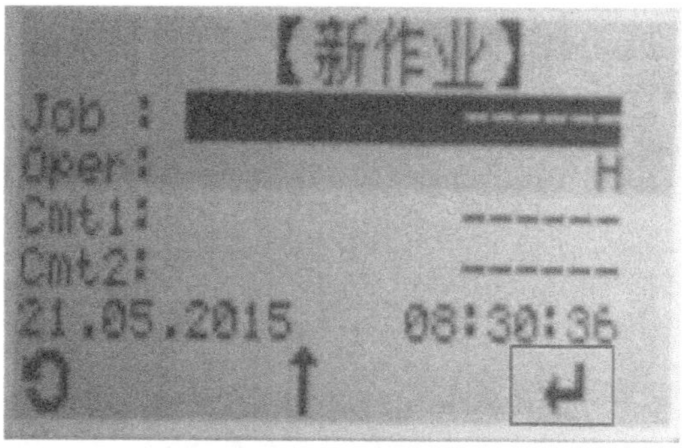

附图 10　回车确认

4. 设置线路，如附图 11～14 所示，进入线路设置→设置读尺顺序→设置基点编号→设置基点高程→确认。

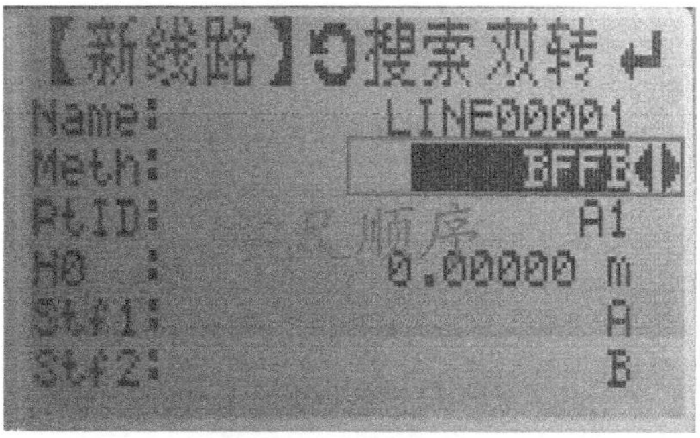

附图 11　测量模式设置

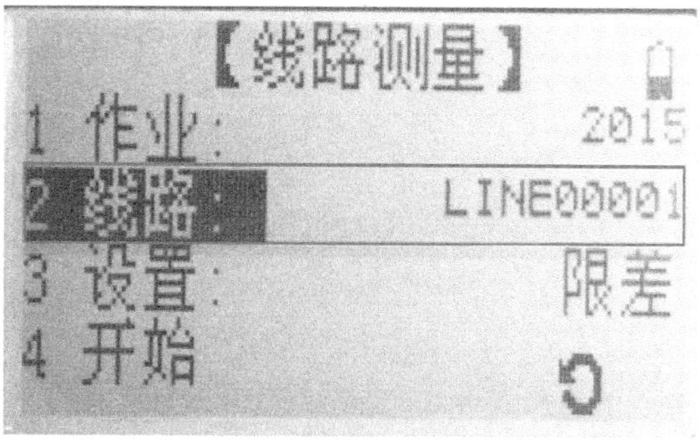

附图 12　线路设置

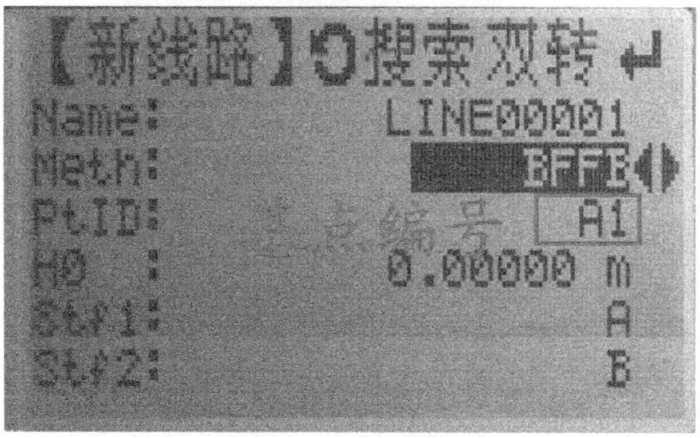

附图 13　基点编号设置

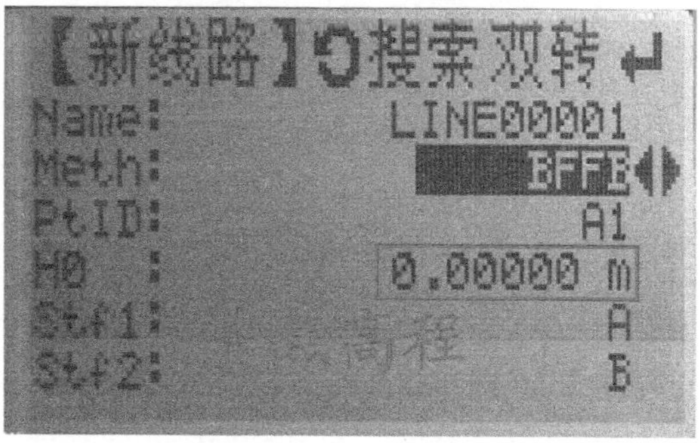

附图 14　基点高程设置

5. 限差设置，分别调整各限差数值，限差如附表 61 所示。

附表 61　电子水准仪限差设置表

	一等	二等	三等
前后视距差	0.5m	1.0 m	2.0 m
总视距差	1.5 m	3.0 m	5.0 m
视线长度	30.0 m	50.0 m	75 .0 m
水准标尺下读数	0.5 m	0.3 m	可读数
两次所测高差之差	0.4 mm	0.6 mm	1.5 mm
两次读数差	0.3 mm	0.4 mm	1.0 mm

6. 仪器上进行限差设置，如附图 15～20 所示。

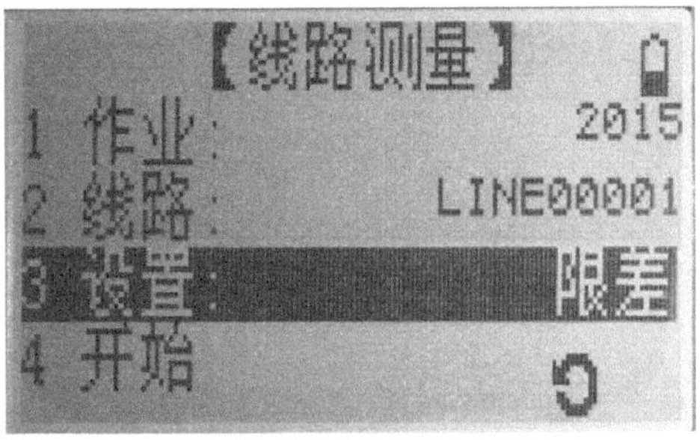

附图 15　限差设置

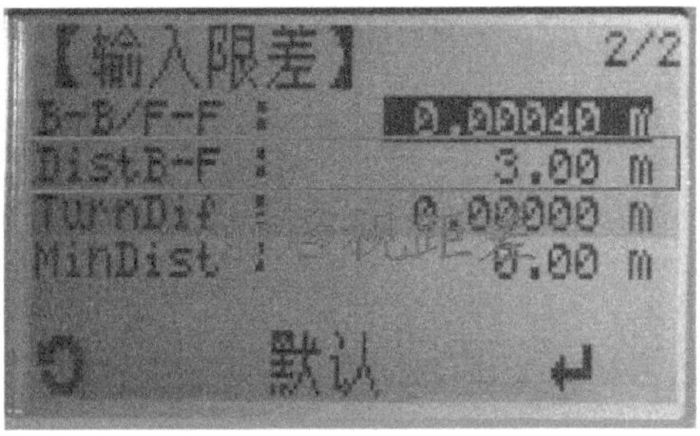

附图 16　视距差设置

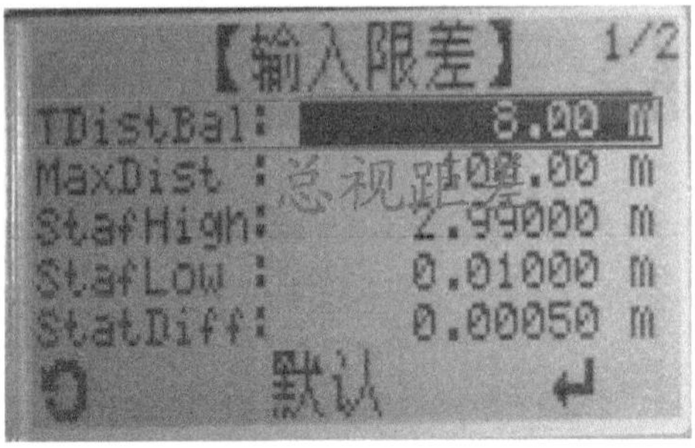

附图 17　总视距差

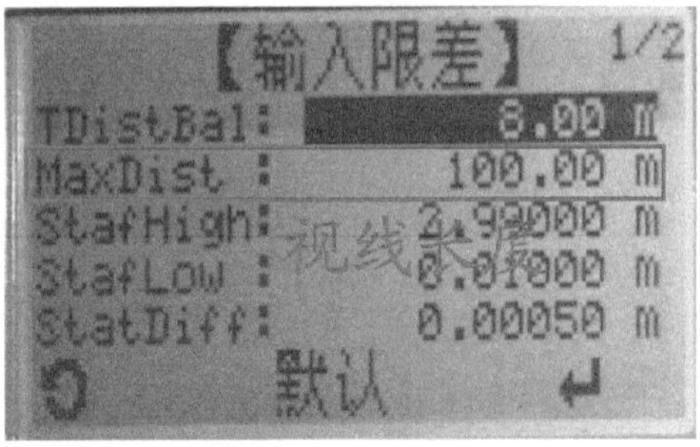

附图 18　视线长度

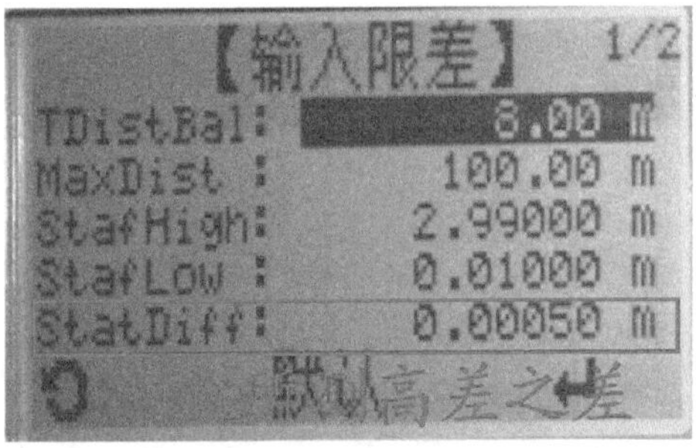

附图 19　高差之差

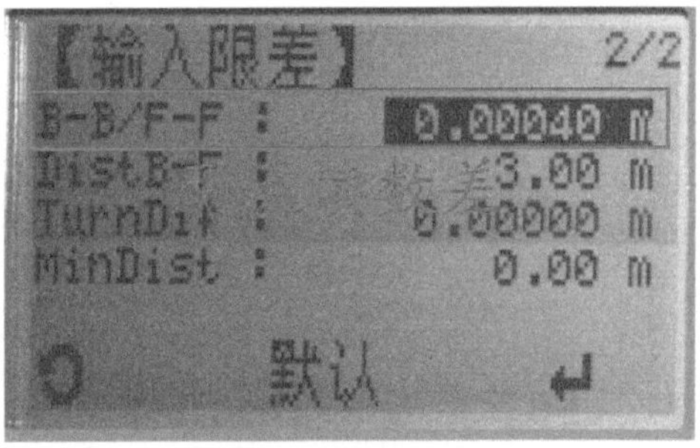

附图 20　读数差

7. 设置完成后开始设置信息显示界面，如附图 21 所示，其中英文字母“Single”表示仪器每次读数自动读取 1 次。

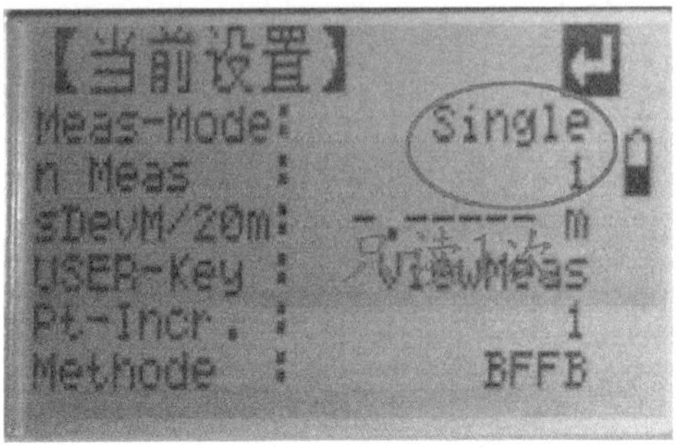

附图 21　读尺次数

8. 若要将读数次数修改为 2 次，可按下步修改，如附图 22 所示。

按⑤按钮→测量模式→左右键（按钮④，如附图 6 所示）选择（Mean 状态下可选 n 次，若选 2 次则按数字键“2”；Single 状态下为读 1 次）→确认。

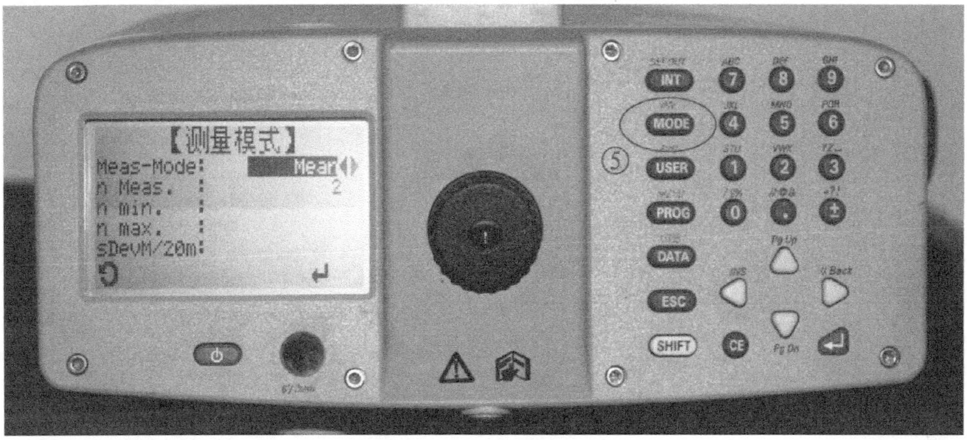

附图 22　读尺次数设置

9. 开始监测，目镜中标尺条码清晰，且在十字分划中时按测量键开始监测，监测时按照屏幕箭头指示分别读取前后标尺读数，仪器自动计算无误或无超限后进入下一站监测，如附图 23～28 所示。

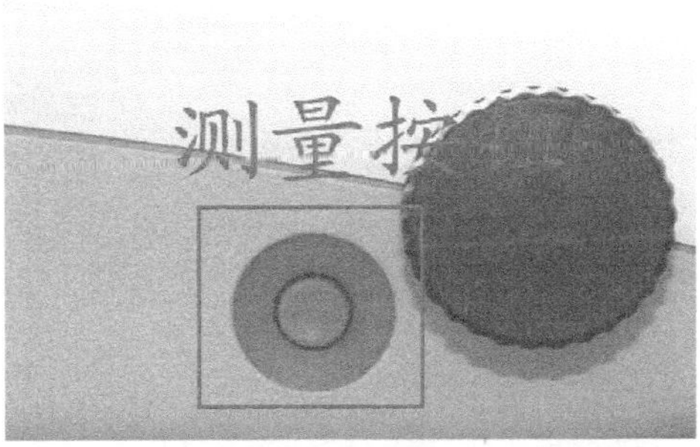

附图 23　测量按钮

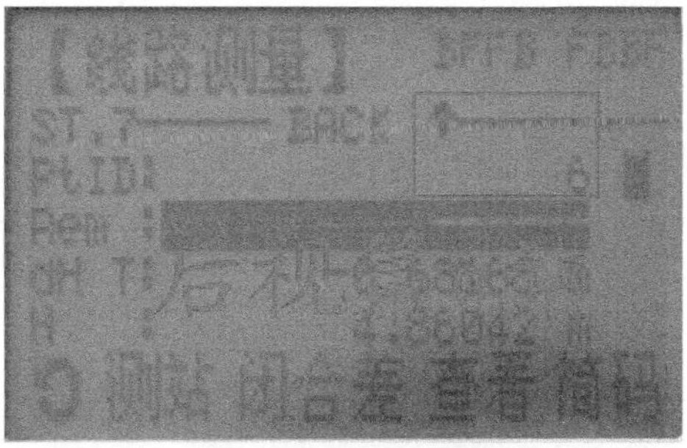

附图 24　读后尺箭头

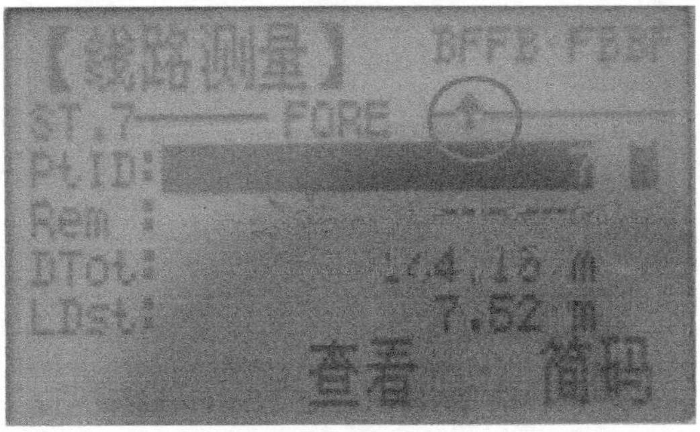

附图 25　读前尺箭头

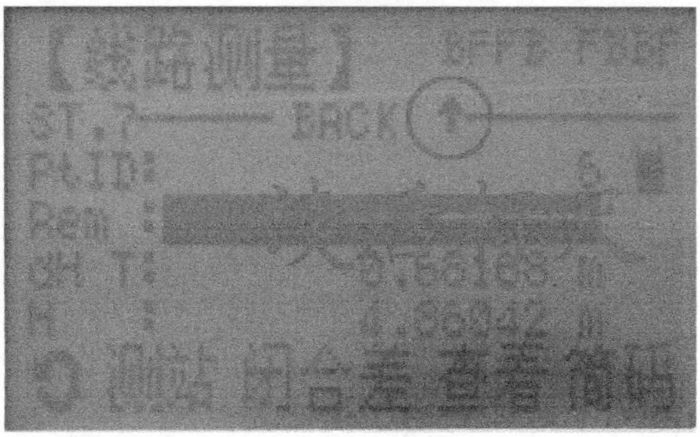

附图 26　站数显示

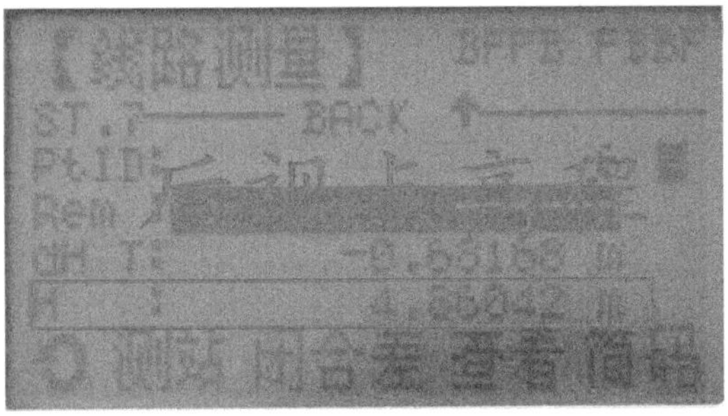

附图 27　后视点高程

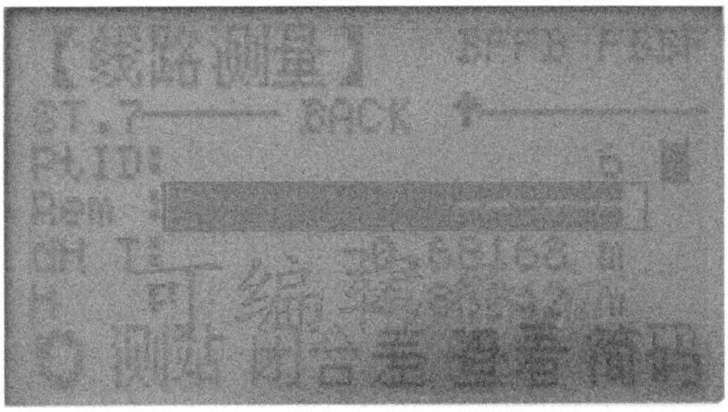

附图 28　备注编辑

10. 中视点的监测，如附图 29 所示，按⑥按钮进入碎部测量界面→移动方向键至“返回”上→确认→回到线路界面，如附图 30 所示。

附图 29　插入中视点

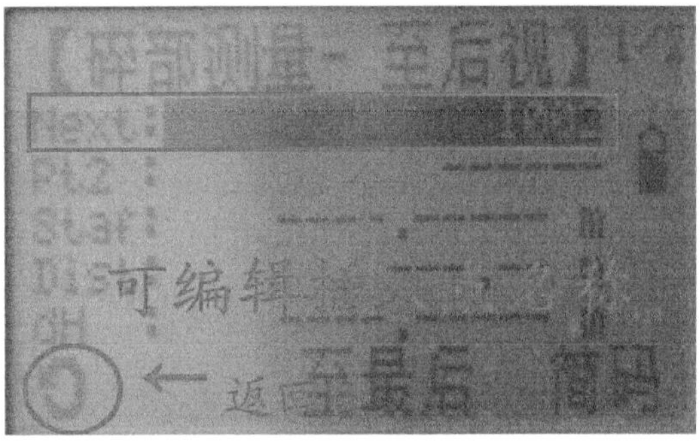

附图 30　返回

11. 监测完成后的数据导出：

按⑦（如附图 31～33 所示）按钮进入数据管理界面→选择“4 数据输出”→选择文件名→修改输出数据名称→确认输出，一般默认至 CF 卡。

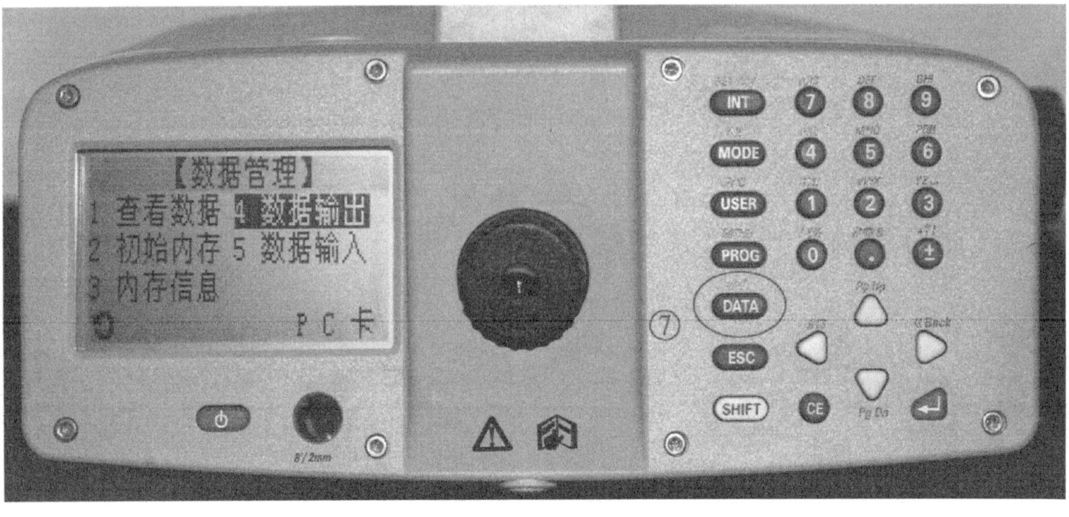

附图 31　数据输出

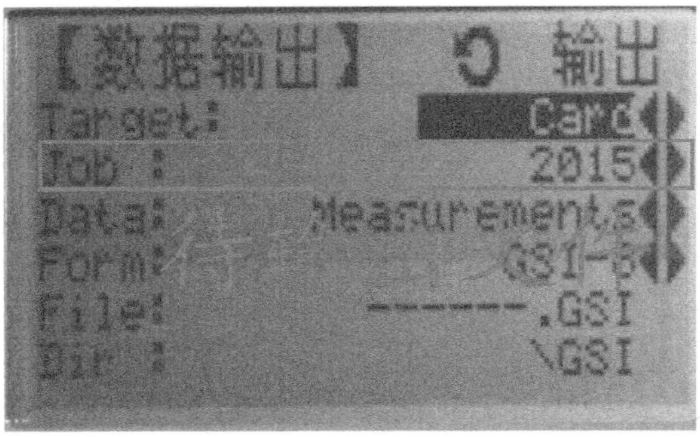

附图 32　选择文件名

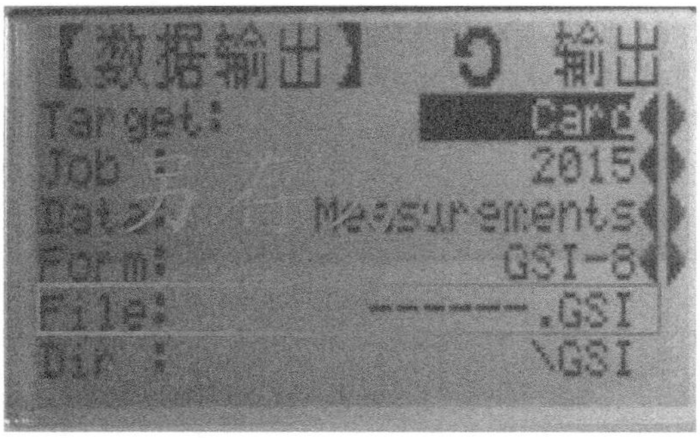

附图 33　另存文件名

第七节　水平位移监测

一、一般要求

1. 本工程水平位移每年汛前、汛后各监测 1 次，若发生超过设计水位标准或其他影响建筑物安全的情况时，必须增加测次。

2. 工作基点至水平位移标点采用视准线法监测。位移量以向水库为负，向水库外为正。

3. 在进行水平位移监测时，必须同时监测记录水库水位、工程运用情况及气温等。

4. 水平位移监测设施主要包括工作基点和水平位移标点。现有 C1、C2、C3、C1′、C2′、C3′、YA、YB、F1、F2 共 10 个工作基点。

二、监测工作准备

1. 检查设置监测现场，检查工作基点及监测标点的现状，对被杂物掩盖的标点及时清理，监测标点编号示意牌应清晰明确。

2. 监测设备必须定期检查，确保其性能良好。监测用全站仪应在检测有效期内，相关检测资料齐全。脚架、棱镜完好。

3. 组建监测队伍，应配有监测 1 人、记录 1 人、撑伞 1 人、架设棱镜 1 人。监测人员需固定，不得中途更换人员。

4. 确定监测线路，工程监测前应进行水平位移监测线路的设计，并绘制水平位移监测线路图，如附图 34 所示。线路图中标明工作基点、水平位移标点位置，以及监测路线方向。线路图一经确定，在地物、地貌未变的情况下不得再变动监测线路、测站。遇有特殊情况可做局部修改，监测前按照监测线路图检查工程测点是否完好，有障碍物阻挡立即现场清理，无法清理的须修改线路图，重新规划合理线路，保证监测工作顺利进行。

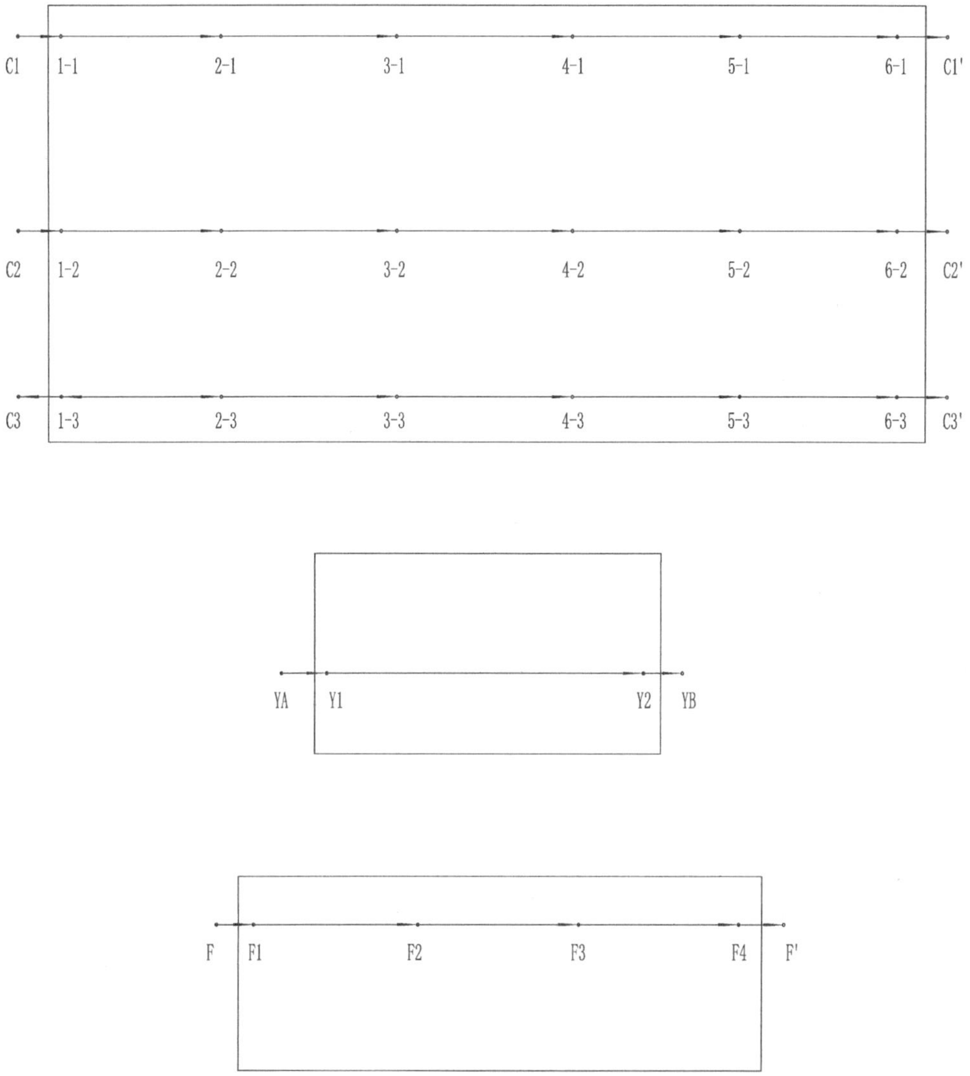

附图 34　××水库水平位移监测标点及监测路线示意图

三、水平位移监测流程

水平位移监测流程如图 5-13 所示。

四、全站仪操作步骤

1. 在已知工作基点上架设全站仪，先将监测墩上面的强制对中保护盖打开，仪器从仪器箱取出后用对中螺丝将仪器和监测墩紧密结合在一起。

2. 调平。全站仪开始监测前需要进行整平，如附图 35 所示，调节仪器的两个底脚螺栓，使精平水准管居中，再转 90 度，调第三个底脚螺栓，使精平水准管居中，再转回来看水准管是否居中，不居中继续调，反复来回转动 90 度调整，直至居中。

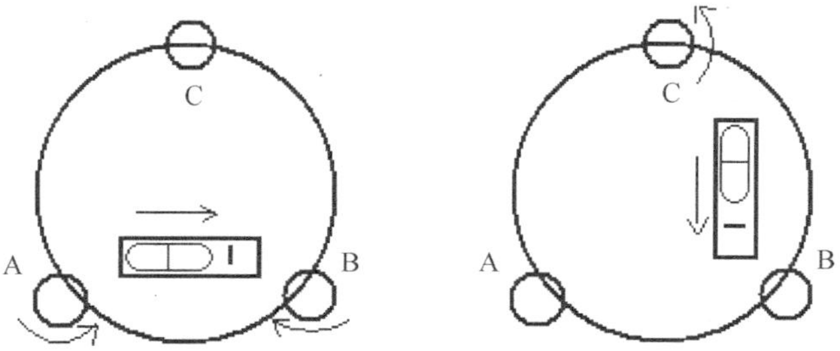

附图 35　仪器调平示意图

3. 全站仪架设好后，就可以进行监测前的设站工作，设站完成后进行监测。开机后界面如附图 36 所示。

4. 全站仪开机后，点击“程序”按钮，继续点击“设站”后，进行本站的设置，如附图 37～38 所示。

5. 通过点击黑色三角选择测量定向模式，这里我们选择“坐标定向”模式进行设置，如附图 39 所示。

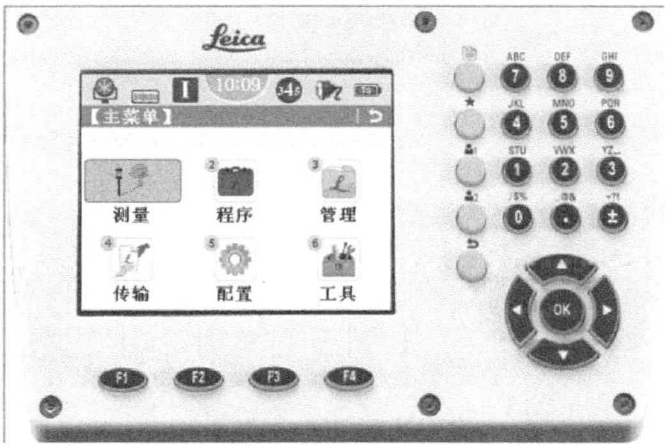

附图 36　开机界面图

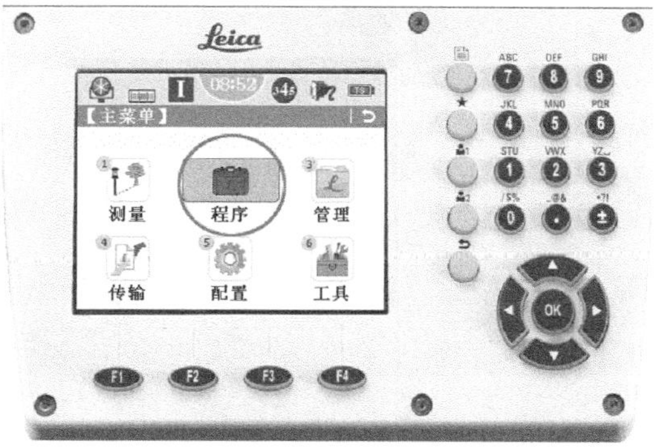

附图 37　“程序”图标

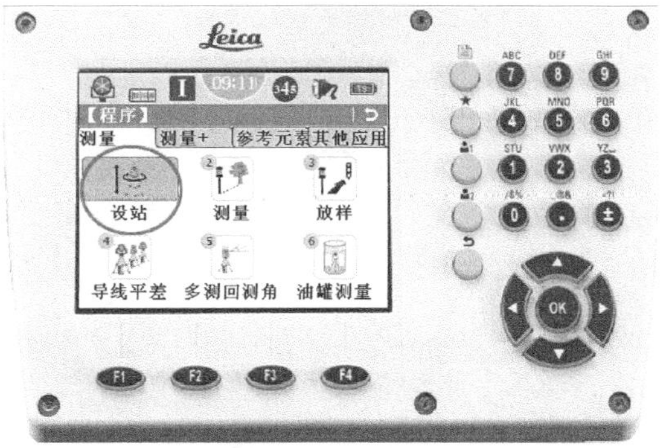

附图 38　设站操作

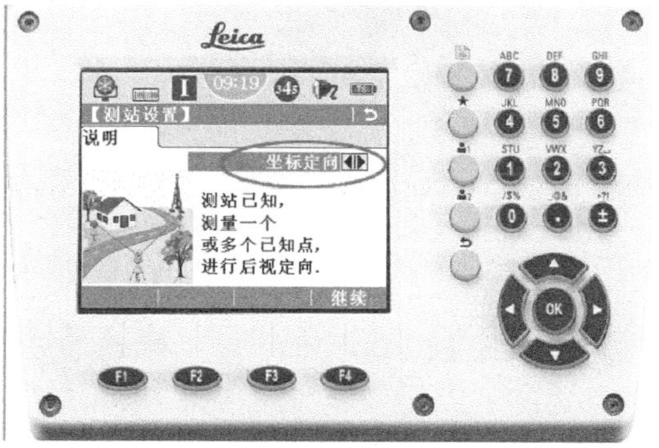

附图 39　坐标定向

6. 设定测站，测站点可以从“列表”中选择，也可以直接输入，输入仪器高度。点击“↓”，进入下一界面，点击“坐标输入”输入测站点坐标，如附图 40～41 所示。

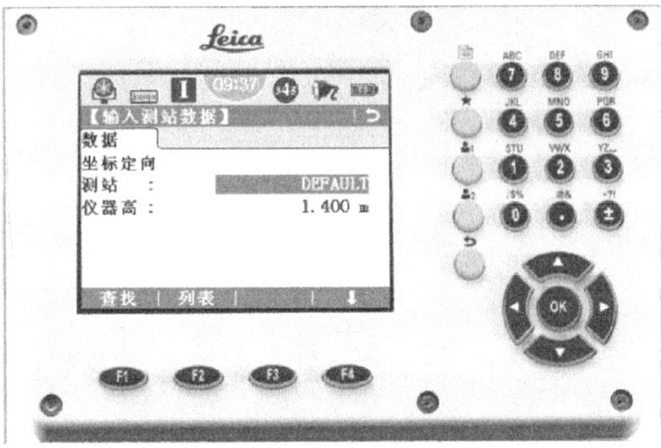

附图 40　测站点设置图

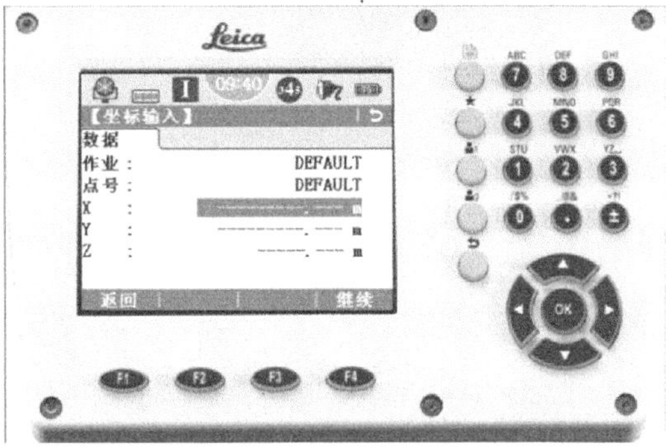

附图 41　测站坐标输入

7. 输入坐标后点击“继续”进入下一界面，下个界面中点击“继续”进入另外一个基点设置界面，输入点号，可以点击“列表”从坐标库中选择另一个基点，也可以点击“坐标”输入另一个基点坐标，如附图 42 所示。

8. 设置完成后仪器照准另一个基点，点击“测存”，如附图 43 所示。

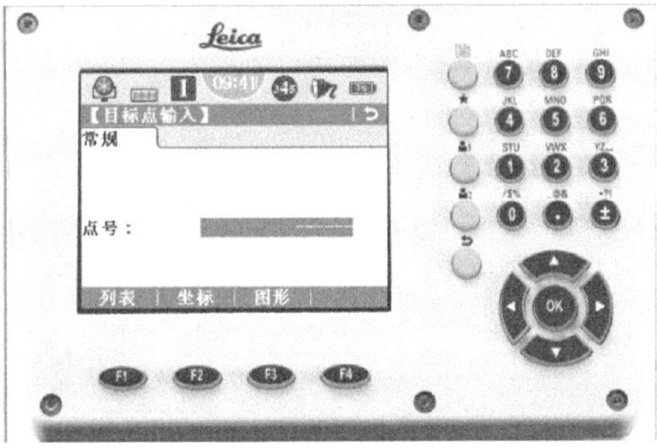

附图 42　点号设置

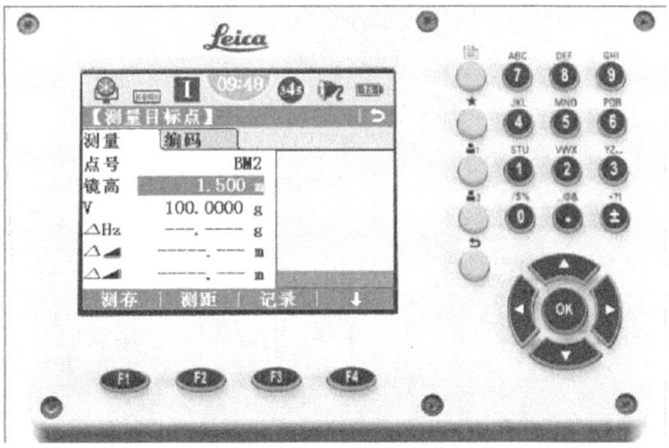

附图 43　待测量界面

9. 仪器监测好后，按“F4”按钮计算，如附图 44 所示。

10. 计算好后点击“设定”完成基站架设，如附图 45 所示。

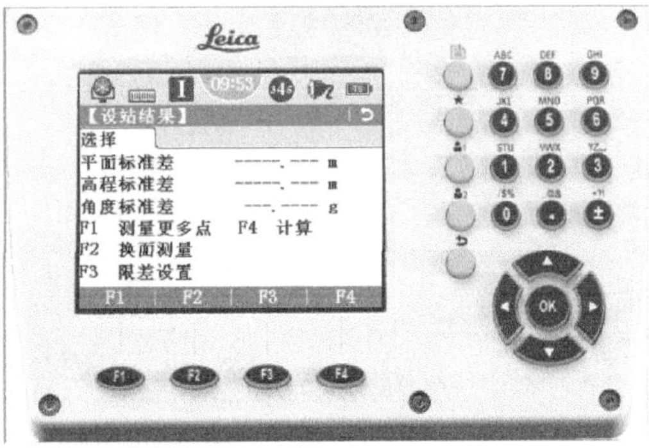

附图 44　等待计算界面

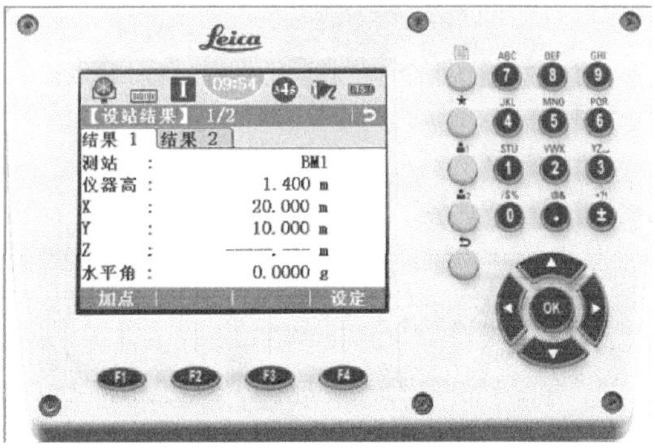

附图 45　计算结果

11. 基站设好后，准备进行标点监测，点击“测量”按钮进行待测点监测，设置待测点的信息后进行监测，如附图 46～47 所示。

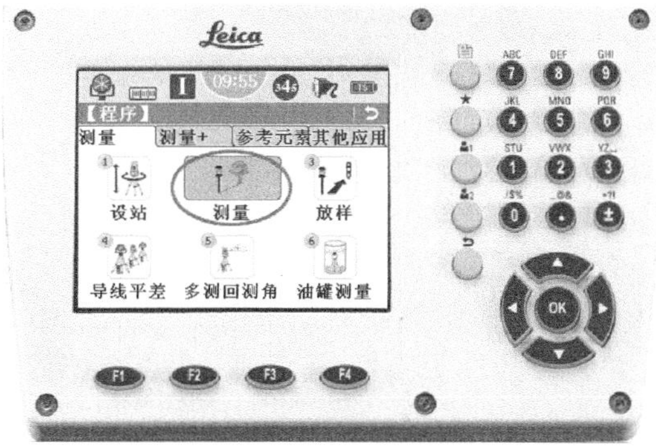

附图 46　测量图标

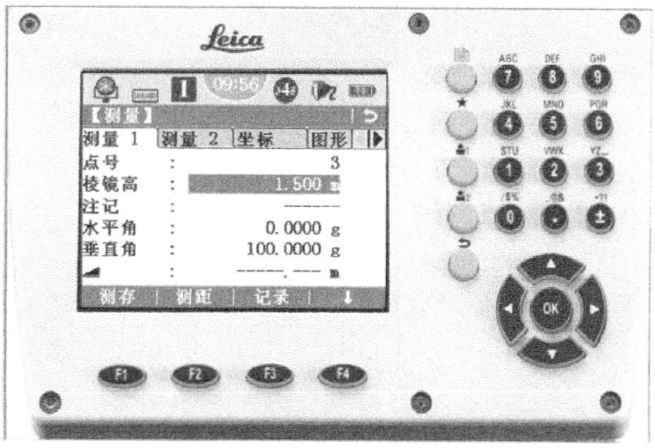

附图 47　监测点信息设置

12. 监测完成后，可以点击“图形”观察已测点具体位置，如附图 48 所示。

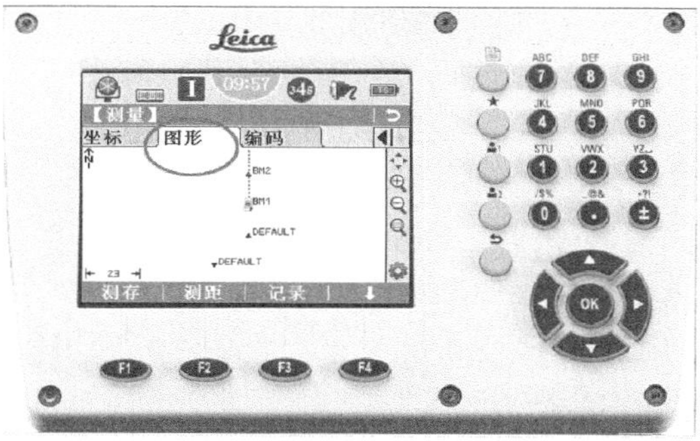

附图 48　位置显示

13. 在水平位移监测工作完成后，用仪器自带软件将数据导出，并编制水平位移工作手簿。

五、资料整理与初步分析

1. 每次监测外业工作结束后，应及时对成果计算、校核。

2. 在编制报表的同时，必须检查间隔水平位移量有无异常，如发现有异常现象，应从原始记录查起，检查本次监测成果有无计算错误，报表有无填制、计算错误，在确认上述均无错误的情况下，对异常点必须进行复测，并将监测记录归入档案。

3. 水平位移监测应填写下列表格。

(1) 水平位移监测标点考证表。

(2) 水平位移统计表。

4. 填表规定：单位 m，精确至 0.1mm。

5. 水平位移监测应绘制累计水平位移过程线。

第八节　渗流监测

一、一般规定

1. 根据××水库大坝结构、填筑情况及坝基地质条件，渗流监测主要包括坝基渗流压力、坝体渗流压力（浸润线）、侧岸绕渗、渗流量、溢洪闸扬压力等项目，除渗流量观测外，通过测压管内渗压计自动监测和人工监测结合进行。

2. 在进行渗流观测时，应同步观测上、下游水位、降水、水温等相关数据。

3. 当发现工程有异常渗流时，应观测渗流量和渗流水质，分析异常渗流的原因，及时采取措施。

二、监测设施布置

1. 主坝渗流监测：设 5 个监测断面、2 个绕渗断面（L、R），每个断面 4 条监测线，左岸（L1—L4）的绕渗兼监测西灌溉涵，右岸（R1—R4）的绕渗兼监测老溢洪道部位；其他 3 个断面，每个断面 4 条监测线，其中坝体渗流压力有（P01B、P02B、P05B、P06B、P09B、P10B）6 支测压管监测、坝基渗流压力有（P01A、P02A、P03A、P04A、P05A、P06A、P07A、P08A、P09A、P10A、P11A、P12A）12 支测压管监测。

2. 副坝：布设一个监测断面监测输水涵洞，设置 4 条（F1—F4）监测线，上游 1 条、下游 3 条。

3. 溢洪闸：4 支测压管（BY1—BY4）监测底板扬压力，自动监测。

××水库渗流监测设施平面布置图如附图 49 所示。

三、监测方法和频次

1. 主坝测压管、溢洪闸扬压力采用在测压管内吊装渗压计方式，渗压计通过电缆接入自动化系统，自动监测与电测水位计法相结合。

2. 副坝测压管采用电测水位计法。

3. 渗流量：量水堰位置安装堰上水位计 1 支，接入自动化系统，自动监测。

4. 电测水位计法测读大坝渗流压力监测、溢洪闸扬压力监测测次为 3 次/月（每月逢 5 日人工测读，从而校核自动化测值的可靠性），如遇到特殊情况（如高水位、库水位骤变、特大暴雨、强地震等）和工程出现不安全征兆时，增加测次。

5. 测压管的管口高程每年校测 1 次，汛前组织，四等水准测量。

6. 测压管灵敏度试验每 5 年进行 1 次，如果测压管水位反应异常，应立即进行试验。

7. 测压管内淤积高程观测每 5 年进行 1 次。

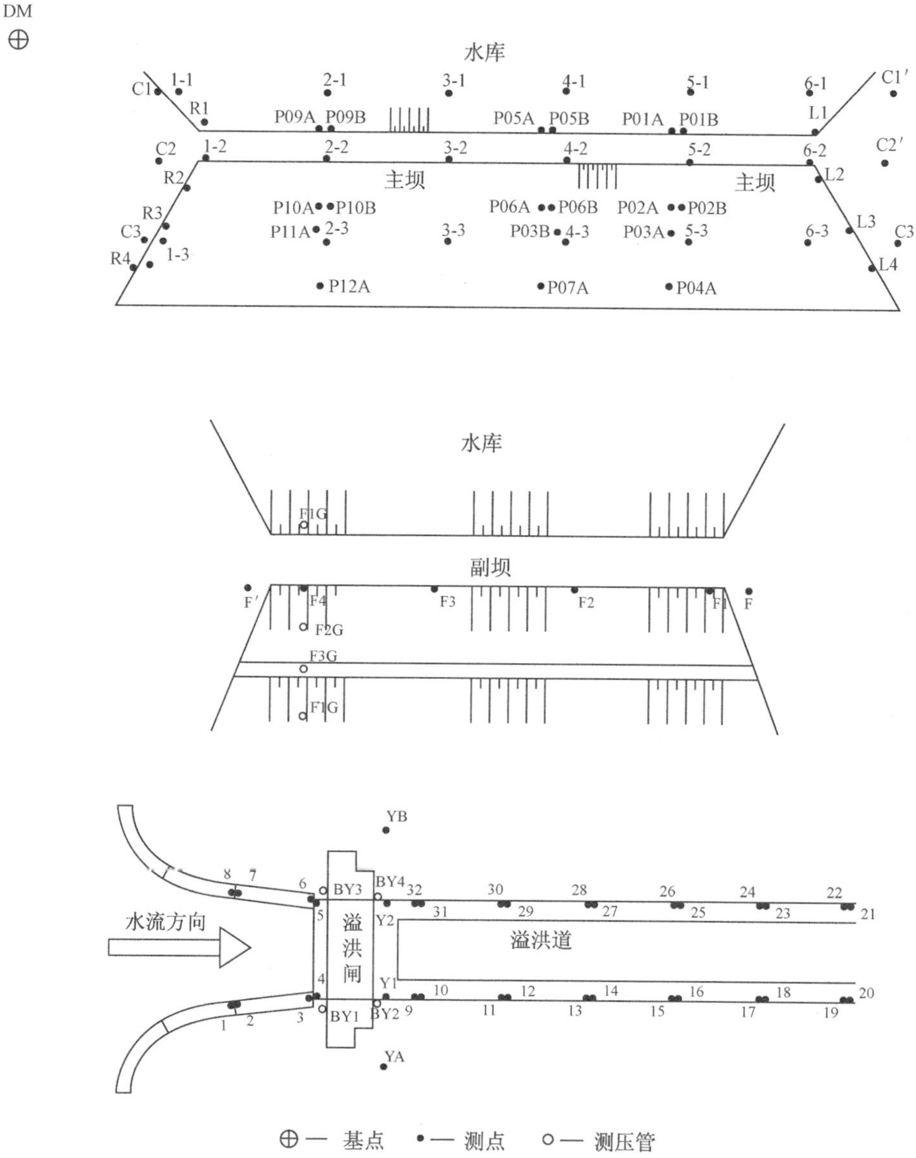

附图 49　××水库渗流监测设施平面布置图

四、××水库大坝安全监测管理信息系统操作要点

自动监测一般采用渗压计测量测压管水位，安装时必须将传感器放置在测压管最低水位以下，但不宜直接放置在管底。本水库选用的是基康（北京）公司生产的 BGK4500 系列渗压计，其各种性能优异，主要部件均用特殊钢材制造，满足观测精度的要求，观测值与实际值误差小于 2 cm。自动观测仪器应定期校验，一般每年进行 1 次，可采取人工方法观测测压管水位，与自动观测值相比较，计算测量精度，并对仪器进行适当调整。

（一）使用说明

A. 进入系统

××水库大坝安全监测管理信息系统包括数据采集、资料整编、信息发布和系统设置等模块。单击桌面上的安全监测管理系统按钮，直接进入系统。如附图 50 所示。

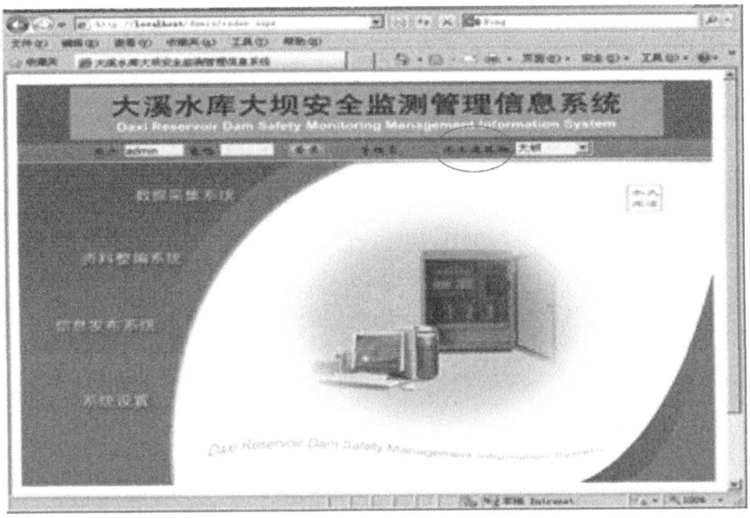

附图 50　菜单界面

1. 输入用户名及密码；
2. 选择进入子系统之前，首先选择水工建筑物，如附图 50 所示，如大坝。
3. 点击相应子系统。

B. 监测资料查询

1. 监测资料查询界面如附图 51 所示(数据表格未完全显示)。

2. 操作顺序为：①选择监测项目(如渗流监测)；②选择开始测点和结束测点，选择开始日期和结束日期；③按“确定”按钮，其资料显示信息如附图 51 下半部分所示。

3. 注意事项如下。

(1) 选择开始测点、结束测点时，应选择开始测点小于结束测点，选择开始日期和结束日期时也需如此。

(2) 在修改每一条数据时，每一条记录的上面如果有 * 标记表示该项为必填项，否则在保存数据时，操作不会成功，如果没有 * 标记，表示用户可不填该项，保存数据时，不会对此进行检查。

(3) 选择另一监测项目时需取消当前的操作，如附图 51 中的上半部分所示，将它恢复为修改前的状态，如它下面的记录所示，否则页面可能会出现异常情况。

(4) 如果想看其他页的记录资料，可点击上图中间部分的数字序列(也即数据记录的分页显示)进行相应的查看。

(5) 如果想按“测点编号”或“观测日期”排序显示，只要点击“测点编号”或“观测日期”即可。

监测项目 渗流压力
开始测点 U1-1A 结束测点 U4-3A
开始日期 2005-09-29 结束日期 2005-09-29 确定
注意：标有*的项为必填项，其他的项可选填，选择另一监测项目时，请取消当前的所有操作！

1 2 3 4 5 6

		测点编号	观测日期	测量频率(Hz)	测量电阻	温度(℃)	水位(m)
保存 取消	删除	U1-1A	2005-9-29 0:30:02	2519.52	3868.9	19.2	19.97
修改	删除	U1-1A	2005-9-29 1:30:02	2519.77	3869.8	19.2	19.97
修改	删除	U1-1A	2005-9-29 2:30:02	2519.95	3869.4	19.2	19.96
修改	删除	U1-1A	2005-9-29 3:30:02	2520.12	3870.3	19.2	19.96
修改	删除	U1-1A	2005-9-29 4:30:02	2520.3	3869.2	19.2	19.96
修改	删除	U1-1A	2005-9-29 5:30:02	2520.46	3869.4	19.2	19.96
修改	删除	U1-1A	2005-9-29 6:30:02	2520.53	3868.4	19.2	19.96
修改	删除	U1-1A	2005-9-29 7:30:02	2520.61	3869.1	19.2	19.96
修改	删除	U1-1A	2005-9-29 14:43:27	2522.35	3869.3	19.2	19.94
修改	删除	U1-1B	2005-9-29 0:30:07	2816.1	4055.2	18.2	19.62
修改	删除	U1-1B	2005-9-29 1:30:07	2816.08	4053.9	18.2	19.63
修改	删除	U1-1B	2005-9-29 2:30:07	2816.12	4052.8	18.2	19.62
修改	删除	U1-1B	2005-9-29 3:30:07	2816.17	4053.7	18.2	19.62

附图 51　监测资料查询

C. 报表打印

可打印考证表、日报表、月报表、年报表，其界面如附图 52 所示。

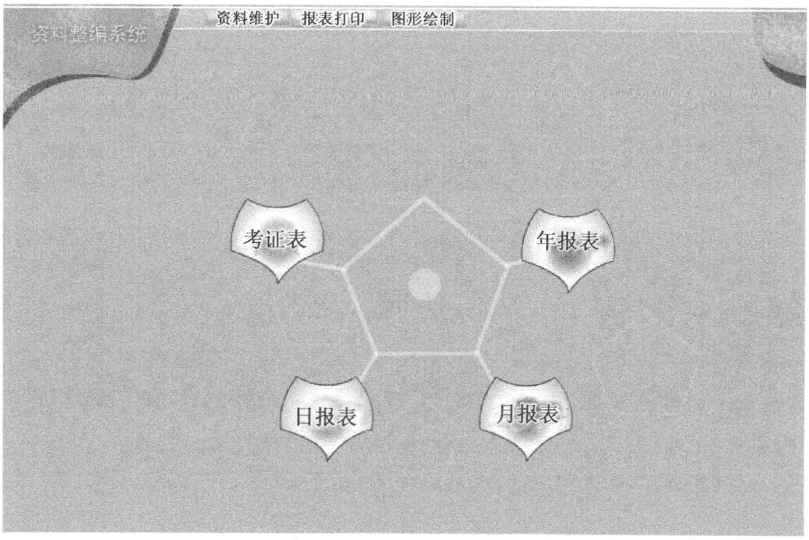

附图 52　报表打印界面

1. 考证表打印

(1) 点击附图 52 界面上“考证表”，界面如附图 53 所示(考证表未全部显示)。

(2) 选择监测项目，按“确定”按钮后其显示信息如附图 53 下半部分所示(以监测项目“孔隙水压力计”为例)，点击“打印”按钮即可。

湖漫水库大坝孔隙水压力计考证表

测点编号	埋设日期	桩号	坝轴距 (m)	埋设高程 (m)	仪器编号	零点频率 (Hz)	频率系数 (10^{-4} kPa/Hz^2)	零点温度 (℃)	温度系数 (kPa/℃)	零点气压 (kPa)
L1	2005-08-27	0+008	-3.47	6.00	7207	2952.50	1.1194	22.7	-0.0969	
L2	2005-09-09	0+015	33.00	2.43	7164	2977.50	1.1729	25.9	-0.1106	
L3	2005-08-13	0+045	33.00	0.45	6791	2981.00	1.1485	25.1	-0.0336	
L4	2005-09-15	0+031	86.00	0.00	6982	2964.40	1.1072	24.5	-0.1076	
R1	2005-09-20	0+203	-3.50	5.17	7167	2985.60	1.3358	23.7	-0.0963	
R2	2005-09-07	0+180	33.00	2.40	7169	2960.90	1.0814	21.0	-0.1483	
R3	2005-09-04	0+170	33.00	0.90	6798	2964.80	1.1629	23.7	-0.1564	
R4	2005-08-09	0+180	86.00	-5.36	6788	2964.40	1.1680	23.9	-0.0338	
U1-1A	2005-08-30	0+070	-9.50	15.00	25986	3029.30	0.1714	24.9	-0.0353	
U1-1B	2005-08-30	0+070	-9.50	8.50	6797	2973.20	1.1912	25.1	-0.0971	
U1-1C	2005-08-30	0+070	-9.50	-0.53	6792	2967.10	1.1140	25.1	-0.0798	
U1-2A	2005-09-06	0+110	-9.50	15.00	25987	3059.30	0.1799	23.8	-0.0194	
U1-2B	2005-09-06	0+110	-9.50	8.50	7158	2930.10	1.0216	23.0	-0.0978	
U1-2C	2005-09-05	0+110	-9.50	-0.91	6790	2966.10	1.1703	24.0	-0.0956	
U1-3A	2005-09-09	0+150	-9.50	15.00	25984	3052.30	0.1738	24.8	-0.0016	

附图 53　考证表打印

(3) 注意事项

①附图 53 有两种打印方式：单个测点、全部测点。此功能仅对监测项目中的“孔隙水压力计”有效(做特殊处理)。

②如果数据库中无数据，则不会显示详细资料信息，而是显示错误提示信息。

③在打印报表时，有的监测项目可能有很多页，如打印，则打印全部页面报表资料。在打印“孔隙水压力计”监测项目单个测点时，也有很多测点，如打印报表，则打印当前页。

2. 日报表打印

(1) 点击日报表。

(2) 操作顺序：选择监测项目，观测日期。按“确定”按钮后其显示信息如附图 54 所示(以监测项目“渗流压力”为例)。有的监测项目数据资料比较多，可按“上一页”或“下一页”进行分页显示。如果需打印报表，只需点击“打印”按钮即可。

(3) 注意事项

①可选打印项作为监测项目数据资料参考用，可选择其中某一个或几个。

②如果数据库中无数据，则不会显示详细资料信息，而是显示错误提示信息。

③在打印报表时，有的监测项目可能有很多页，如打印报表，则打印全部页面报表资料。

3. 月报表打印

(1) 点击月报表，其界面如附图 55 所示(月报表未全部显示)。

(2) 操作顺序：先选择监测项目、观测日期和测点编号，可选打印项做资料参考用，可选可不选。按“确定”按钮后其显示信息如附图 55 下半部分所示(以监测项目“渗流压力”为

测点编号	观测日期	测量频率	测量电阻	温度	水位
L1	2005-09-28 13:25:00	2769.65	3983.1	18.6	17.99
L1	2005-09-28 17:56:17	2769.47	3982.3	18.6	18.00
L1	2005-09-28 20:32:17	2769.34	3981.6	18.6	18.01
L1	2005-09-28 20:57:43	2769.33	3982.3	18.6	18.01
L1	2005-09-28 21:32:17	2769.29	3982.5	18.6	18.01
L1	2005-09-28 22:32:17	2769.29	3982.2	18.6	18.01
L1	2005-09-28 23:32:17	2769.20	3982.7	18.6	18.02
L2	2005-09-28 13:25:04	2833.36	4019.3	18.4	12.54
L2	2005-09-28 17:56:21	2831.89	4020.5	18.4	12.64
L2	2005-09-28 20:32:21	2831.03	4018.3	18.4	12.70
L2	2005-09-28 20:57:48	2830.88	4018.1	18.4	12.71

附图 54 日报表打印界面

例）。有的监测项目数据资料比较多，可按“上一页”或“下一页”，进行分页显示。如果需打印报表，只需点击“打印”按钮即可。

观测日期	上游水位	下游水位	降水量	P0750D	P1100AA	P1100AB	P1100BA	P1100BB
1995-01-01	19.75			11.12	17.31	14.62	17.48	14.27
1995-01-02	19.74			11.05	17.27	14.56	17.47	14.20
1995-01-03	19.72			11.00	17.28	14.61	17.49	14.10
1995-01-04	19.71			11.04	17.25	14.67	17.48	14.20
1995-01-05	19.69			11.01	17.22	14.55	17.47	14.10
1995-01-06	19.68			10.91	17.23	14.58	17.47	14.11
1995-01-07	19.67			10.97	17.21	14.54	17.46	14.08
1995-01-09	19.64			11.08	17.18	14.56	17.47	14.11
1995-01-10	19.62			11.02	17.09	14.59	17.47	14.19
1995-01-11	19.60			11.09	17.11	14.63	17.47	14.11
1995-01-12	19.58			10.96	17.08	14.50	17.45	14.15
1995-01-13	19.57			11.15	17.10	14.64	17.48	14.21
1995-01-14	19.56			11.17	17.13	14.57	17.48	14.28

附图 55 月报表打印界面

（3）注意事项

①可选打印项作为监测项目数据资料参考用，可选择其中某一个或几个。

②如果数据库中无数据，则不会显示详细资料信息，而是显示错误提示信息。

③在打印报表时，有的监测项目可能有很多页，如打印报表，则打印全部页面报表资料。

4. 年报表打印

(1) 点击年报表,其界面如附图 56 所示(年报表未全部显示)。

(2) 操作顺序为:先选择监测项目、观测日期,再选择打印方式:一个测点一张表,多个测点一张表,最后选择可选打印项。如选择一个测点一张表,还需选择测点编号(单个测点),如选择多个测点一张表,需选择多个测点,按“确定”按钮后其显示信息如附图 56 下半部分所示(以监测项目“渗流压力”,观测日期“1996”年,多个测点一张表为例)。有的监测项目数据资料比较多,可按“上一页”或“下一页”,进行分页显示。如果用户需打印报表,只需点击“打印”按钮即可。

(3) 注意事项如下。

①附图 56 中的日期设置表示,可选择一年中的所有月的相同某几天进行打印,如果没有设置日期,则默认使用数据库中的所有时间。

②附图 56 中的打印方式:一个测点一张表,多个测点一张表,表示有的监测项目有两种打印方式(如渗流压力、渗流量等)。

③可选打印项作为监测项目数据资料参考用,可选择其中某一个或几个,在多个测点一张表时产生作用。

④如果数据库中无数据,则不会显示详细资料信息,而是显示错误提示信息。

⑤用户在打印报表时,有的监测项目可能有很多页,如打印报表,则打印全部页面报表资料。

1996年渗流压力年统计表

单位:　上游水位:m　下游水位:m　降水量:mm　渗流压力:m

观测日期	上游水位	下游水位	降水量	P0360AA	P0360AB	P0360B	P0600A	
1996-01-01	20.00	7.36						
1996-01-02	19.99	7.37		18.17	17.86	10.79	18.00	
1996-01-05	19.93	7.41		18.15	17.87	10.90	17.99	
1996-01-27	20.30	7.46						
1996-02-01	20.23	7.39						
1996-02-02	20.26	7.43						
1996-02-05	20.23	7.45		18.33	18.09	11.07	17.84	
1996-02-27	19.85	7.45						
1996-03-01	19.80	7.47						
1996-03-02	19.79	7.46						
1996-03-05	19.74	7.47		18.08	17.68	10.91	17.57	
1996-03-27	20.44	7.48						
1996-04-01	20.61	7.54						

附图 56　年报表打印界面

(二) 系统维护

1. 运行和维护人员应注意做好各项日常维护保养工作。

2. 管理单位应根据实际运行操作的需要,并结合系统操作使用说明,制定相应的监控系统操作规程,运行人员应严格执行操作规程,避免因操作不当或人为操作造成系统失控,甚至损坏设备。

3. 计算机是系统中的关键监控设备之一，运行人员不得擅自在计算机上安装、使用游戏软件或其他与工作无关的软件，以免造成对系统软件环境的破坏。

4. 运行人员不得擅自修改软件中的系统参数设定。

5. 运行人员不得擅自修改计算机软件平台的参数设定值。

6. 设备应定期进行检查和维护保养，检查的内容应包括以下几个方面。

(1) 各电气设备接线端工作状况是否良好，接触是否可靠，有无端子松动、接线脱落或其他异常现象。

(2) 检查各电气元件(如断路器、接触器、继电器等)工作状况是否良好，分、合动作是否灵活自如且可靠，是否有卡位、声音异常等现象。

(3) 检查各电气设备清洁状况是否良好，是否有因积尘而影响散热，因渗水受潮造成漏电，甚至局部短路等现象。

(4) 检查现场检测仪表及摄像设备工作状况是否良好，是否有安装位置松动、移位或因灰尘、水渍使摄像镜头模糊不清等现象。

(5) PLC 控制柜、操作台、就地操作箱等设备，应保持清洁，经常擦拭。

五、电测水位计法观测测压管水位

(一) 电测水位计法测压管水位采集原理

电测水位计一般由提匣、吊索和测头三部分构成。提匣内装干电池、指示器和手摇滚筒，如附图 57 所示。滚筒上缠吊索，吊索应柔软坚韧，不易受温度影响，并标有刻度。电线末端接测头，观测时，将测头徐徐放入管内，待指示器反应后，将吊索稍许上提，到指示器不起反应时，再慢慢上下数次，趁指示器反应瞬间，捏住与管口相平处的吊索刻度位置，量读管口至管中水面的距离。测压管水位高程(m)＝测压管管口高程－管口至水面的距离－测头入水所引起的水位壅高量(取值为 0)。

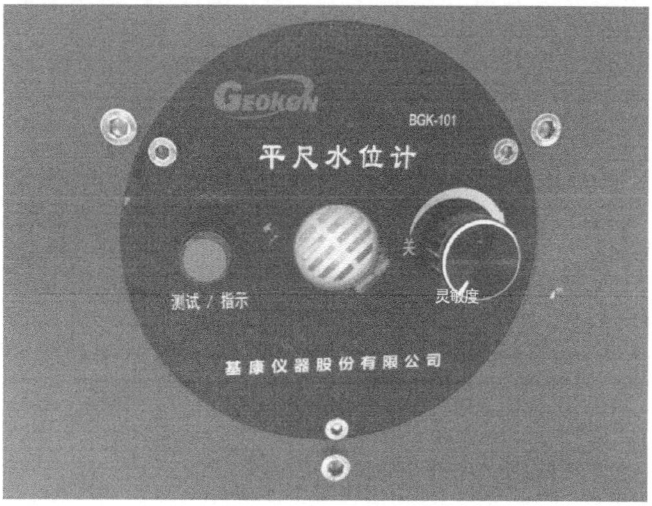

附图 57　平尺水位计

(二) 监测组织

1. 测压管监测工作由水库工管科负责,由水工、测量或专业相近的同志1名具体落实。

2. 测压管水位监测应由2名观测人员进行操作。1人负责操作电测水位计,1人负责记录数据并负责安全管理。

3. 测压管管口高程考证应由4名观测人员组成,1人负责操作水准仪,1人负责记录数据并负责安全管理,2人负责扶尺。

(三) 测压管水位监测流程

测压管水位监测流程如图5-14所示。

(四) 电测水位计操作步骤

1. 检查电池是否有电。打开电源开关,并按下测试按钮,此时指示灯应发光,同时蜂鸣器应有"哗哗"声响指示,若指示灯黯淡同时声音微弱,则需更换电池。

2. 调节探头灵敏度。打开电源开关,待探头上的探针刚好接触到水面时调节灵敏度旋钮,使指示灯与蜂鸣器刚好产生声光为止,探头离开水面后指示灯熄灭且蜂鸣器停止发声为止,此时为最佳灵敏度。探头灵敏度调节可在水池等地方进行。

3. 打开被测测压管盖板,轻移自动监测装置,露出测压管管口。

4. 打开平尺水位计探头,放入待测测压管中,同时将平尺放入测架上的导槽中,使探头缓慢下滑(注意放入平尺时不可过快,以避免加快平尺的磨损而导致损坏),当探头触及水面后,声光指示器即出现声光指示,此时缓慢提起平尺,直到蜂鸣器或指示灯停止响应,然后再缓慢放入,使声光再次响应为止,此时读取平尺相对于管口处的刻度值。

5. 将第4步重复操作2次,取平均值并记录(××水库测压管监测记录表)。

6. 测量完毕后,关闭电源,将平尺卷好(注意放入),将探头放入探头存放管中。

7. 轻移自动监测装置复位,确认无误后,盖好测压管盖板。

8. 根据测量数据计算渗流压力并与自动监测数据进行对比,如发现异常则要进行分析。

(五) 测量精度

1. 电测水位计法监测时,测压管水位都必须连续独立观测2次,最小读数至0.01 m,2次读数差不得大于0.02 m,取其平均值,成果取至0.01 m。

2. 测压管管口高程考证应按四等水准测量要求进行,观测方法和精度要求应符合四等水准观测要求。与上次观测相差1 cm以内可不作修正。

(六) 测压管的养护与维修

1. 应定期对测压管进水段进行灵敏度试验,一般采用注水法进行检查试验。注水法适用于管中水位低于管口的情况。试验前先测定管中水位,然后向管中注入清水,一般情况下,用水将导管灌满,测得注水水面高程后,分别以5 min、10 min、15 min、20 min、30 min和60 min的间隔测量水位1次,以后时间可适当延长,直至水位回降至原水位并稳定2 h为止。记录测量结果,并绘制水位下降过程线。如管内水位长时间未恢复到接近原水位,可以考虑测压管可能已经堵塞；相反，如管内水位没有上升或上升很少且下降很快，就要考虑测压管滤箱是否失效或与上下游贯通等。一般应连续观测测压管水位和上下游水位，然后根据上下游水位和测压管水位过程线加以判断。

2. 应定期对测压管内淤积进行监测，一般采用普通测锤进行。当管内淤积物已影响观测或淤积的高程超过透水长度时，应立即分析淤积原因，进行处理。一般采用管内掏淤，必要时经过充分研究，报上级主管部门批准采用压力水冲洗。

3. 测压管被碎石、混凝土或其他材料堵塞，应及时进行清理。

4. 测压管如经灵敏度检查不合格、管内淤积、堵塞经处理无效，或经资料分析测压管已失效时，应在该孔附近钻孔重新埋设测压管。

（七）资料整理与初步分析

渗流观测应填制图、表如下。

1. 测压管、渗压计、量水堰等观测设备考证表。

2. 测压管观测记录计算表。

3. 渗压计观测记录计算表。

4. 量水堰法渗流量观测记录表。

5. 测点渗流压力水位统计表。

6. 测点的渗流压力水位过程线图；特定库水位下的渗流压力水位过程线；渗流压力水位与库水位（或上、下游水位差）相关关系图；坝体横剖面渗流压力（含浸润线位置）分布图及坝基渗流压力平面等势线分布图。

7. 渗流量统计表。

8. 渗流量过程线图；特定库水位下的渗流量过程线；渗流量与库水位（或上、下游水位差）相关关系图。

9. 渗流观测成果分析应根据每次渗流观测成果，应结合其他观测项目和水文地质资料，分析渗流压力、渗流量等的变化规律及趋势，根据分析对工程的运行状态进行评价，对工程控制运用和维修加固等提出初步意见。

第九节　水文、气象监测

一、监测任务

本水库的水文、气象监测主要项目包括：上下游水位监测、降水量监测、气温监测等，监测任务由溧阳市水文局负责实施。

二、监测站点布置

1. 根据水库流域地形地貌和降雨时空分布的特点，在水库上游库区设麻园、宋塘、高村、水库管理处4个雨量站，主坝水位井处设坝前水位站。

2. 上游水位与雨量从水情系统获取，下游水位监测仪器选用北京基康的BGK4500S系列小量程的孔隙水压力计监测。

3. 气温监测。专用的百叶箱一个，直读式温度计、电阻式温度计各一只。

三、水位监测

（一）一般要求

1. 监测项目

(1) 观读水尺读数、监测时间，计算监测时水位。

(2) 校测遥测水位计，读取记录资料，调整仪器，计算日平均水位或统计每日的最高、最低水位。

(3) 附属观测项目：风向、风力、水面起伏度、闸门启闭情况等。

2. 监测时间

水位的基本定时观测时间为北京时间8时。

3. 精度要求

(1) 水位采用青岛基面以上米数表示，一般读记至0.01 m。

(2) 观测时间记录至1 min，观测员应每天将使用的时钟与北京时间校核1次，时间误差不超过±3 min。

(3) 校核水位时，水位误差不超过±2 cm，机械钟日时间记录误差不超过±5 min。

4. 特殊情况下的人工监测

(1) 如遇冬天水库结冰，则采取人工监测。

(2) 如进水管淤积导致采集数据失真应及时处理，并进行人工监测。

5. 附属项目监测

(1) 风向、风力观测采用目测。

(2) 水库坝下游断面的风向记法应以河流流向为准，面向下游，从上游吹来的风为“顺风”，从下游吹来的风为“逆风”，从左岸吹来的风为“左岸风”，从右岸吹来的风为“右岸风”，记载以箭头表示。

(3) 水库的风向应以磁方位表示，记录符号按附表62所示规定。

附表62　方位符号

方位	北	东北	东	东南	南	西南	西	西北
符号	N	NE	E	SE	S	SW	W	NW

(4) 风力可根据《水文测验实用手册》中的风力等级表进行估测。

6. 水面起伏度观测应符合下列要求。

(1) 水面起伏度应以水尺处的波浪变幅为准，按附表63所示的规定分级记载。

附表 63　水面起伏分级

水面起伏级别	0	1	2	3	4
波浪变幅(cm)	≤2	3～10	11～30	30～60	>60

(2) 对于水库,当起伏度达到 4 级时,应加测波高,并应记在记载簿的备注栏内。

(二) 监测程序

1. 每日 8 时左右,观读水尺水位,将水尺读数记录在水位观测记载簿中。需要观测附属项目时,需记载附属项目。

2. 校测遥测水位,如遥测水位和实际水位差超过规定要求时,对遥测水位进行修正,检查、调整遥测仪器,并做好校正情况说明。

(三) 误差控制

A. 水尺水位观测的误差控制

水尺水位观测的误差可采用下列方法进行控制。

1. 观测员在观测水位时,身体应蹲下,使视线尽量与水面平行,以减少折光产生的误差。

2. 有波浪时,可采用下列方法尽量减少因波浪产生的误差。

(1) 水位暂时平静时进行观读,或者观读峰、谷水位,取其平均值。

(2) 波浪较大时,可先套好静水箱再进行观测。

(3) 多次观读,取其平均值。

3. 当水尺受到阻水影响时,应尽可能排除阻水因素,再进行观测。

4. 观测用时钟应及时校对,以减少时钟走时误差。

B. 遥测水位计观测水位的误差控制

1. 水位传感器的误差可采用下列方法进行控制。

(1) 安装使用前,可采用室内标定的方式进行参数率定。

(2) 运行期间应按照有关规定进行人工校测。

2. 水位初始值设置误差可采用下列方法进行控制。

(1) 对采用设备固定点高程进行初始值设置的测站,应定期校测。

(2) 对水位初始值误差超出规定范围的水位监测过程,应进行初始值订正。

3. 时钟引起的误差可采用下列方法进行控制。

(1) 定期与标准时对时校正。

(2) 时钟误差超出规定时,应按照比例法进行时间订正。

(四) 水位观测资料的整编与计算

A. 一般规定与要求

1. 采用遥测水位资料进行整编时,应先进行精简。

2. 遥测水位过程呈锯齿状时,可采用中心线平滑方法进行处理。

B. 遥测水位资料

遥测水位资料的摘录、处理、整编都有专用的软件自动进行，很少需要人工处理，为保证软件的处理和整编结果准确，应进行人工检查。当遥测数据异常或有中断时，应及时进行处理、订正。

四、降水量监测

在一定时段内，从大气中降落到地面的液态降水与固体（经融化后）降水，在无渗透蒸发、流失的情况下积聚的水层深度，称为该时段内的降水量，单位为 mm，降水分为液态降水和固态降水，观测设备为雨量器、自记雨量计、遥测雨量计。

（一）一般要求

A. 观测段次

1. 用人工雨量器观测降水量，按 2 段次在每日 8 时、20 时观测。

2. 遥测雨量计全年运行，降水之日 8 时、20 时检查 1 次。当出现固态降水时及时启用人工观测，并做好降雪、雨夹雪等情况的观测记载，记载表沿用原降水量观测记载表。

3. 根据水情拍报要求加测、加报。

B. 观测时间

降水量的观测时间为北京时间 8 时。每日降水以北京时间 8 时为日分界，即从昨日 8 时至今日 8 时的降水为昨日降水量。

C. 精度要求

1. 降水量读记精度为 0.1 mm。

2. 观测员观测所用的钟表或手机的走时误差每 24 h 不应超过 2 min，并应每日与北京时间对时校正。

3. 自记雨量计的每日时间误差应满足机械钟不超过 5 min。

（二）操作程序

A. 雨量器观测降水量

1. 液态降水量观测

(1) 观测员观测时，如观测时间有降雨，则取出储水筒内的储水器，放入备用储水器。然后到室内用量雨杯测记降水量。如降水很小或已停止，可携带量雨杯到观测场测记降水量。

(2) 为减少蒸发损失，观测员应在降水停止后及时观测降水量，并记录在降水量观测记载簿中与降水停止时相应的时段降水量栏。

(3) 使用量雨杯，应使量雨杯处于铅直状态，读数时视线与水面凹面最低处平齐，观读至量雨杯的最小刻度，并立即记录，然后校对读数 1 次。降水量很大时，可分数次量取，并分别记在备用纸上，然后累加得其总量，记入观测记载簿。

2. 固态降水量观测

(1) 当有固态降水（降雪或雹）时，应取去雨量器的漏斗和储水器，或换成承雪器，用储水筒承接雪或雹。在规定的观测时间以备用储水筒替换，并将换下来的储水筒加盖带回室内。

(2) 固态降水量的量测应选择下列方法。

①待取回室内的储水筒内的雪或雹融化后(禁止用火烤)，倒入量雨杯量测。

②取定量温水加入储水筒融化雪或雹，用量雨杯测出总量，减去加入的温水量，即得雪量或雹量。

③配有感量不大于1 g台秤的测站，可用称重法，称前应将附着在筒外的降水物和泥土等清除干净。

B. 遥测雨量计观测降水量

遥测雨量计自动采集雨量，有雨之日每日8时、20时校核、检查。其他时间测站按照要求进行维护，保证仪器正常运行。

(三) 注意事项

A. 雨量器观测降水量

1. 每日观测时，注意检查雨量器是否受碰撞变形，检查漏斗有无裂纹，储水筒是否漏水。

2. 暴雨时，采取加测的办法，防止降水溢出储水器，如已溢流，应同时更换储水筒，并量测筒内降水量。

3. 如遇特大暴雨灾害，无法进行正常观测工作时，应尽可能及时进行暴雨调查，调查估算值应记入降水量观测记载簿的备注栏，并加文字说明。

4. 每次观测后，储水筒和量雨杯内不应有积水。

B. 遥测雨量计观测降水量

1. 要保持翻斗内壁清洁无油污，翻斗内如有脏物，可用水冲洗，禁止用手或其他物体抹拭。

2. 保持基点长期不变，调节翻斗容量的两对调节定位螺钉的锁紧螺帽应拧紧。观测检查时，如发现任何一只有松动现象，应注水检查仪器基点是否正确。

3. 定期检查蓄电池电压，如电压低于允许值，应对蓄电池进行充电或更换全部蓄电池，以保证仪器正常工作。

(四) 降水量观测资料整理与计算

A. 雨量器观测记载资料

1. 有降水之日8时观测完毕后，检查观测记载是否正确、齐全。如检查发现问题，按要求及时进行处理。

2. 计算日降水量，当某日内任何一时段或时分观测的降水量注有降水物或降水整编符号时，则该日降水量也注相应符号。

3. 每月初统计填制上月观测记载表的月统计栏各项目。

B. 遥测雨量资料

使用遥测雨量计观测降水量，其降水量已经是数字记录，可直接采用资料整编程序进行整理，整理时应注意降水记录的完整性、合理性。

第十节　其他监测

本水库其他监测主要为裂缝监测。

一、一般规定

1. 裂缝监测应测定建筑物上的裂缝分布位置和裂缝的走向、长度、宽度及深度。

2. 裂缝监测时，应同时监测工程的温度、气温、水温、水位等相关因素。有渗水情况的裂缝，还应同时监测渗水情况。对于梁、柱等构件还需检查荷载情况。

3. 裂缝的监测周期，应根据裂缝变化速度确定。对不同的建筑物监测周期应符合下列规定。

(1) 混凝土或浆砌石建筑物，裂缝发现初期应每半月监测 1 次，基本稳定后宜每月监测 1 次，当发现裂缝加大时应及时增加监测次数，必要时应持续监测。

(2) 土石坝、堤防、裂缝发现初期应每天监测，基本稳定的宜每月监测 1 次，遇大到暴雨时，应随时监测。

(3) 凡出现历史最高、最低水位，历史最高、最低气温，发生强烈震动，超标准运用或裂缝有显著发展时，应增加测次。

4. 裂缝宽度监测值以张开为正。

二、监测设施的布置

1. 监测设施的布置应符合下列规定。

(1) 对于可能影响结构安全的裂缝，应选择有代表性的，设置固定监测标点。

(2) 裂缝监测标点或标志应根据裂缝的走向和长度，分别布设在裂缝的最宽处和裂缝的末端。

(3) 大坝、堤防凡缝宽＞5 mm 的、缝长＞2 m、缝深＞1 m 的裂缝都应进行监测，监测标点或标志可布设在最大裂缝处及可能的破裂的部位。

2. 裂缝监测标点，应跨裂缝牢固安装。标点可选用镶嵌式金属标点、粘贴式金属片标志、钢条尺、坐标格网板或专用测量标点等，有条件的可用测缝计测定，如附图 58 所示。

3. 裂缝监测标志可用油漆在裂缝最宽处或两端垂直于裂缝画线，或在表面绘制方格坐标，进行测量。

4. 裂缝监测标点或标志应统一编号，监测标点安装完成后，应拍摄裂缝监测初期的照片。

三、监测方法与要求

A. 裂缝的测量可采用皮尺、比例尺、钢尺、游标卡尺或坐标格网板等工具进行。

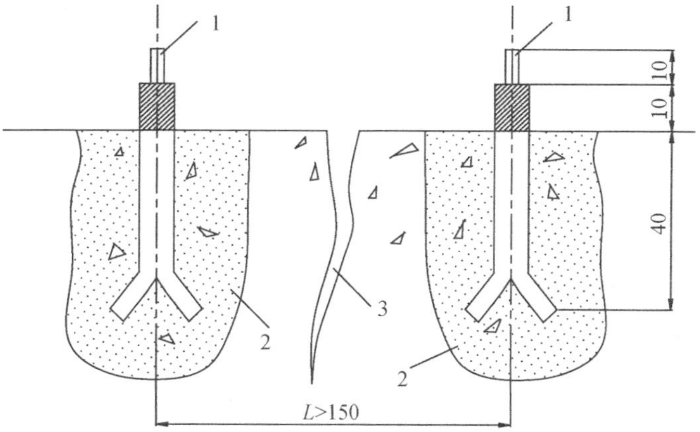

1—游标卡尺卡着处　2—钻孔线　3—裂缝

附图 58　混凝土裂缝监测金属标点结构示意图

B. 裂缝监测要求如下。

1. 裂缝宽度的监测通常可用刻度显微镜测定。对于重要裂缝，用游标尺测定，精确到 0.01 mm。

2. 裂缝深度的监测一般采用金属丝探测，有条件的地方也可用超声波探伤仪测定，或采用钻孔取样等方法监测，精确到 0.1 mm。

C. 大坝裂缝监测要求如下。

1. 表面裂缝，一般可采用皮尺、钢尺及简易测点等简单工具进行测量。对 1 m 以内的浅缝，可用坑槽探法检查裂缝深度、宽度及产状等，精确到 1 mm。

2. 深层裂缝，宜采用探坑或竖井检查，必要时埋设测缝计进行监测。除按上述要求测量裂缝深度和宽度外，还应测定裂缝走向，精确到 0.5 度。

四、资料整理与初步分析

建筑物裂缝的监测应填制以下图表。

1. 建筑物裂缝监测记录表。
2. 建筑物裂缝监测标点考证表。
3. 建筑物裂缝监测成果表。
4. 建筑物裂缝位置分布图。
5. 建筑物裂缝变化曲线图。

第十一节　资料整理

一、资料审核

每次监测结束后，应及时对监测资料进行计算、校核、审查。

1. 对原始记录应进行一校、二校，内容包括：

（1）记录数字无遗漏。

（2）计算依据正确。

（3）数字计算、监测精度计算正确。

（4）无漏测、缺测。

2. 在原始记录已校核的基础上，由单位分管监测工作的技术负责人对原始记录进行审查，对资料的真实性和可靠性负责，内容包括以下几点。

（1）无漏测、缺测。

（2）记录格式符合规定，无涂改、转抄。

（3）监测精度符合要求。

（4）应填写的项目和监测、记录、计算、校核等签字齐全。

3. 资料整理包括以下内容。

（1）测量结束后，编制各监测成果报表。

（2）编制各项监测设施的考证表、监测成果表和统计表，表格及文字说明要求端正整洁、数据上下整齐。

（3）绘制各种曲线图，图的比例尺一般选用 1∶1、1∶2、1∶5 或是 1、2、5 的 10 倍、100 倍数。各类图表尺寸宜统一，符合印刷装订的要求。

（4）编写本年度监测工作说明及工程大事记。

（5）编写本年度监测工作说明：包括监测手段，仪器配备，监测时的水情、气象和工程运用状况，监测时发生的问题和处理办法、经验教训，监测手段的改进和革新，监测精度的自我评价等。

（6）编写本年度工程大事记：应对当年工程管理中发生的较大技术问题，按记录如实汇编。其中包括检查养护、维修加固、防汛抢险、抗旱排涝、控制运用、事故的发生及处理办法和其他较大事件。可按事情发生的时间顺序填写，要求简明扼要。

（7）填写年度工程运用情况统计表。

二、资料分析

1. 监测成果与以往成果比较，变化规律、趋势应合理。

2. 监测成果与相关项目监测成果比较，变化规律趋势应具有一致性和合理性。

3. 监测成果与设计或理论计算比较，规律应具有一致性和合理性。

4. 通过过程线，分析随时间的变化规律和趋势。

5. 通过相关参数、相关项目过程线，分析相关程度和规律。

6. 编写本年度监测成果的初步分析：分析监测成果的变化规律及趋势，与上次监测成果及设计比较应正常，并对工程的控制运用、维修加固提出初步建议。

三、资料刊印

一般每年 1 次，刊印的顺序如下所示。

1. 工程基本资料:工程概况、工程平面布置图、工程剖面图。

2. 监测工作说明。

3. 垂直位移:垂直位移监测标点布置图;垂直位移工作基点考证表;垂直位移工作基点高程考证表;垂直位移监测标点考证表;垂直位移监测成果表;垂直位移量横断面分布图;垂直位移量变化统计表(每5年刊印1次);垂直位移过程线(每5年刊印1次)。

4. 水平位移:水平位移监测标点布置示意图;水平位移监测成果表;水平位移量统计表;水平位移量过程线图。

5. 渗流监测: 测压管、渗压计、量水堰等观测设备考证表;测压管观测记录计算表;渗压计观测记录计算表;量水堰法渗流量观测记录表;测点渗流压力水位统计表;测点的渗流压力水位过程线图;渗流压力水位与库水位(或上、下游水位差)相关关系图;坝体横剖面渗流压力(含浸润线位置)分布图及坝基渗流压力平面等势线分布图;渗流量统计表;渗流量过程线图;渗流量与库水位(或上、下游水位差)相关关系图。

6. 水文、气象监测:上(水库)、下游水位统计表,逐日降水量统计表,日均气温(库水温)统计表。

7. 其他监测项目:裂缝观测记录等。

8. 工程运用:工程运用情况统计表;引(排)水量;工程大事记。

附录 K　水库白蚁防治作业指导书示例

第一节　适用范围

本作业指导书用于指导××水库白蚁防治工作，包括白蚁危害的检查与防治、蚁害控制验收、复查验收等全过程管理。

第二节　编制依据

本作业指导书的编制主要依据如下。

水库大坝安全管理条例(1991)

江苏省水利工程管理条例(2017)

江苏省水库管理条例(2017)

江苏省水库技术管理办法

SL 210—2015 土石坝养护修理规程

堤坝白蚁防治技术规程(2009)

江苏省堤坝白蚁防治办法(2004)

本水库技术管理细则、规章制度与操作规程、工程设计文件、除险加固资料等。

第三节　工程基本情况

一、工程概况

工程概况同“附录 J　水库安全监测作业指导书示例”第三节的一、工程概况。

二、工程设计指标及主要设备技术参数

工程设计指标及主要设备技术参数同"附录J　水库安全监测作业指导书示例"第三节的二、工程设计指标及主要设备技术参数。

三、蚁害治理情况

本水库的白蚁防治工作始于1982年4月,1998年8月16日大坝坝身首次发现蚁迹,在上级管理部门的大力支持下,管理处加大了治理力度,规范治理,白蚁活动迹象明显减少,2012年通过白蚁达控验收,2015年、2017年通过白蚁达控复查验收,目前仅副坝左端约40 m的树木中发现了白蚁活动迹象。

第四节　工作任务及职责分工

一、工作任务

1. 工作任务包括:编制上报年度白蚁防治计划;按照上级主管部门批准的计划具体实施;认真做好堤坝杂草清除、蚁害普查、药物投放、采食检查、地面指示物查找及蚁害所致隐患的处理,并做好记录;编制年度白蚁防治工作总结;编制验收资料,并上报主管部门。

2. 年度白蚁防治计划:内容包括白蚁防治的范围、防治工作组织、防治时间、防治方式等。

3. 年度白蚁防治工作总结:内容包括年度白蚁防治工作开展情况,总结白蚁活动规律、防治中好的做法和存在的不足,为今后的工作提供借鉴。

二、职责分工

管理处有分管领导负责,专业技术人员组织实施。

第五节　白蚁防治流程

白蚁防治流程如附图59所示。

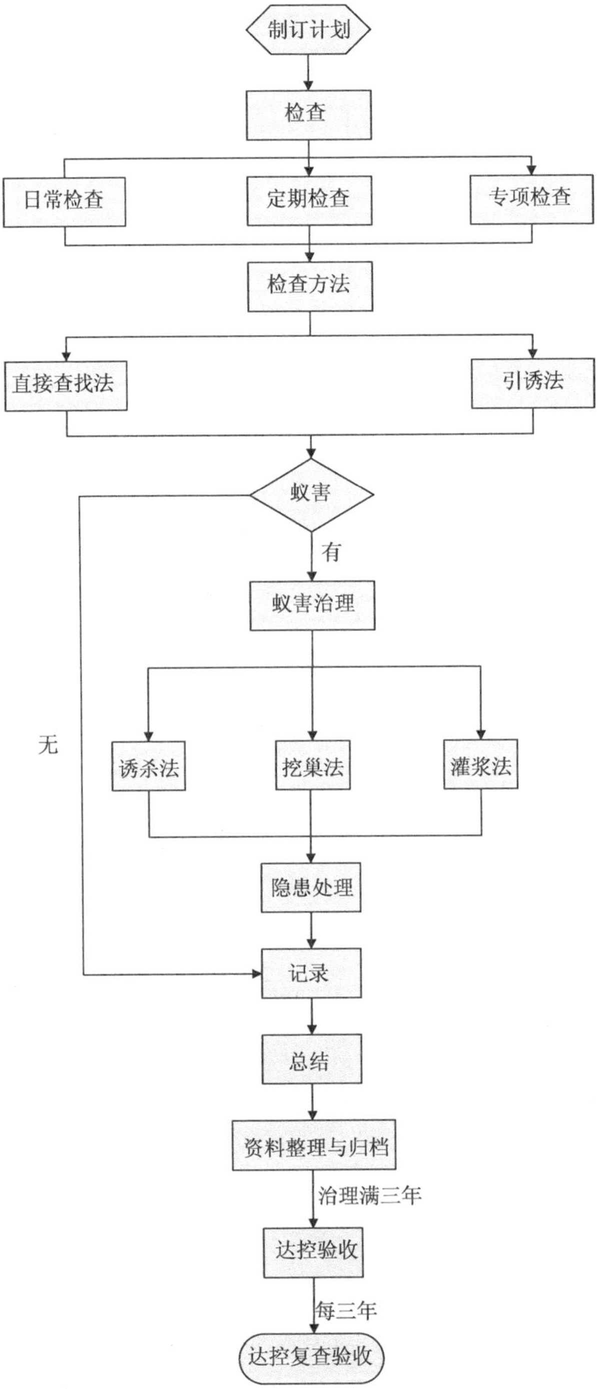

附图 59　白蚁防治流程图

第六节　蚁害检查

开展水库大坝白蚁防治工作的首要任务是蚁害检查，检查的目的是查清水利工程遭受白蚁危害的程度及分布情况，为下一步制订白蚁防治计划、防治措施提供依据，减少工作的盲目性。应在白蚁活动的季节采用拉网式的检查方法进行检查，检查工作必须做到详细、认真，查清、查细、查实、查全，不留死角。

一、检查范围

××水库蚁害检查范围如下。

1. 蚁患区：主、副坝的坝体、坝两端及距坝脚线 50 m 范围。

2. 蚁源区：蚁患区向外延伸 500 m。

二、检查分类

检查分为日常检查、定期普查和专项检查。

1. 日常检查。与水库巡查相结合，由专业技术人员带领管理人员 2 人承担，重点检查已经发现过白蚁的主、副坝背水坡等部位。

2. 定期普查。由专业技术人员承担，定期对水库大坝各部位进行全面检查。

3. 专项检查。由白蚁防治和水利工程专业技术人员联合承担，在水库大坝大修前集中进行检查。

三、检查时间

1. 日常检查。蚁患区每周不少于 1 次，蚁源区每月不少于 1 次。

2. 定期普查。5—10 月每月各进行 1 次。久旱雨后应增加检查次数。

四、检查路线

值班室→主坝坝顶及迎水坡→西涵→主坝背水坡及坝基、坝端→护坝地→防汛道路→防汛仓库→溢洪闸(道)→溢洪闸交通桥工作桥→ 溢洪闸闸室→溢洪闸引水段→中涵→副坝坝顶及迎水坡→东涵→副坝背水坡及坝基坝端、护坝地→管理用房→管理范围内其他设施→中控室→值班室。

五、检查内容

1. 直接观察，发现大坝漏水、湿坡、管涌、跌窝等现象，必须判断是否为白蚁隐患引起。

2. 观察白蚁外出活动时留下的痕迹，初步判断危害大坝的蚁种。

3. 观察白蚁外出活动时留下的泥被、泥线在大坝及坡脚的分布密度、分群孔出现的数量和真菌指示物等，综合分析工程遭受白蚁危害的程度。

4. 观察大坝上出现炭棒菌的数量，判断被灭杀死亡的蚁巢数量。

六、检查方法

根据本水库的白蚁活动特点，本水库采用直接查找法和引诱法相结合的方式进行检查。

1. 直接查找法：根据泥线、泥被、分群孔和真菌指示物等查找。

（1）迹象检查。在草根、枯树枝及林木等处查找泥线、泥被等地表外露迹象。如附图 60 所示。

（2）指示物检查。主要是鸡枞菌检查。如附图 61 所示。

附图 60　迹象检查

附图 61　指示物检查

（3）分群孔检查。5—6 月份，为白蚁纷飞的季节，这个时期是查找白蚁分群孔的最佳时期，如附图 62 所示。

附图 62　分群孔检查

2. 引诱法：按 50 m^2 一坑（堆、根）呈梅花形布置引诱坑（堆、桩），7—15 天后进行检查，每次检查后应及时做好记录和现场标记。

（1）引诱坑。在大坝的背水坡挖长、宽各 30 cm、深 5～10 cm 的坑，将引诱材料放置在坑内，见附图 63。

(2) 引诱堆。铲除草皮，将引诱材料直接堆放在土层表面，盖上草皮或石块，如附图 63 所示。

(3) 引诱桩。用白蚁喜食的长 50 cm、直径 5 cm 带皮干木桩插入坝坡内 30 cm。如附图 64 所示。

附图 63　引诱坑、引诱堆

附图 64　引诱桩

第七节　蚁害治理

一、防治原则

防治工作应坚持以防为主、防治结合、因地制宜、综合治理、安全环保、持续控制的原则。

二、治理步骤

水库白蚁治理的步骤如下。

清障清杂→蚁害检查→投放药物→采食检查→查找指示物→剖巢回填。

1. 清障清杂。其目的是便于外露迹象的查找以及药物投放后的检查和指示物的查找。

2. 投药。根据蚁害情况，本水库采用的灭蚁饵剂为江苏省水利厅研制的 JSSO 系列，防治方法采用诱杀法。投药方法有：引诱法投药、绑扎法投药。

(1) 引诱法投药。在坝的背水坡铲除草皮，按 5～10 m 的间隔，呈梅花形布置引诱堆，将引诱材料放入坑中，待白蚁上堆后，将灭蚁饵剂轻放在堆中或直接夹放在引诱材料中设堆。如附图 65 所示。

(2) 绑扎法投药。在发现树木上有新鲜蚁被时，可以将药物和遮光物一并绑扎在蚁被的顶端上方 2～3 cm 处，起诱杀作用。如附图 66 所示。

附图 65　引诱法投药

附图 66　绑扎法投药

3. 采食检查。在药物投放 7—15 天后，应检查白蚁上堆情况和药物被采食情况，如有采食现象，做好标记并记录、编号，检查时应轻拿轻放，以免惊动白蚁，发现药物霉变要及时更换，发现有蚁迹应及时补投药物。如附图 67(a)、(b)所示。

(a)　　　　(b)

附图 67　采食检查

4. 查找指示物。地面死巢指示物查找，是堤坝白蚁防治的重要一环，这是因为堤坝白蚁防治不仅是为了消灭蚁害，更重要的是消除白蚁所造成的隐患，因为死亡的蚁巢、蚁道失去白蚁的日常维护，一旦高水位产生漏水，极易造成崩塌，因此消灭白蚁后应及时将死亡的蚁巢开挖、回填、夯实，消除隐患，才能保证工程的防洪安全。

死巢指示物需要在高温高湿的环境中生长，长江中下游一带梅雨期或出梅 1 个月内为查找死巢指示物的最佳时期，查找范围为采食半径约 25 m 的范围内，在林区可根据树上蚁被高度乘以 10 倍作为查找半径，一般情况下，在坝坡的采食点应为扇形向上，在坝户的采食点就在其附近。

(1) 查找炭棒菌。白蚁采食死亡后，在白蚁死亡巢中，湿度、空气成分发生变化，菌圃中的真菌开始生长，菌丝穿出地面，形成炭棒菌，初出土为灰白色，形似针、鹿角、棒槌等，颜色由灰白逐渐转变为棕色到黑色，生成期为每年 5 月至 10 月。找出炭棒菌就能找出死亡巢的位置。如附图 68 所示。

(2) 查找红垂蘑菇(红垂幕)。红垂蘑菇(红垂幕)为在适宜温、湿度气候条件下，死亡的浅层蚁巢长出的子实体，其形状为蘑菇状，颜色橘红，生长期为每年 5 月至 10 月。如附图 69 所示。

附图 68　炭棒菌

附图 69　红垂蘑菇(红垂幕)

5. 开挖死巢及隐患处理。死巢开挖是白蚁防治工作的最后一个环节，开挖时必须挖到主巢穴，清除巢内杂物，并用灰土分层回填夯实；已出现漏水散浸或坝身单薄的地段，采取灌浆的方式充填蚁道，这样才能彻底消除白蚁造成的隐患。

第八节　台账资料

1. 台账资料应包括白蚁防治工作年度计划，白蚁检查的时间、人员、范围，白蚁治理的方案，白蚁处理记录，白蚁防治年度总结和检查报告等。

2. 年度白蚁防治计划：内容包括白蚁防治的范围、防治工作组织、防治时间、防治方式等。

3. 年度白蚁防治工作总结：内容包括年度白蚁防治工作开展情况，总结白蚁活动规律、防治中好的做法和存在的不足，为今后的工作提供借鉴。

第九节　蚁害控制验收

一、蚁害控制基本标准

1. 堤坝工程无成年巢，每 10 000 m^3 幼龄巢白蚁活动迹象不得超过 3 处。

2. 蚁源区无成年巢，本水库 300～500 m 范围内白蚁活动迹象不超过 10 处。

二、蚁害控制验收符合的条件

1. 蚁患区和蚁源区连续进行三年以上治理，白蚁活动迹象达到蚁害基本控制标准。

2. 因白蚁危害所致的工程隐患，已剖巢回填、夯实或灌浆处理，无白蚁危害所致的渗漏和散浸。

3. 工程无树木、紫穗槐及高秆杂草等。

4. 验收前一个月，背水库坡面按约 50 m^2 一根(处)设置引诱桩或堆、坑。

5. 单位应提交如下资料。

(1) 工程现状及历年堤坝工程建设加固实施情况。

(2) 历年防治计划和防治总结。

(3) 单位自检报告(检查治理成果汇总图、表和文字说明)。

6. 本水库已通过蚁害控制验收，现每三年接受一次复查验收。